U0396398

规范约束的 Agent 可信协同模型与机制研究

周尤明 著

浙江工商大学出版社
ZHEJIANG GONGSHANG UNIVERSITY PRESS

图书在版编目(CIP)数据

规范约束的 Agent 可信协同模型与机制研究 / 周尤明
著. —杭州：浙江工商大学出版社，2015.6(2015.12 重印)
ISBN 978-7-5178-0749-0

Ⅰ. ①规… Ⅱ. ①周… Ⅲ. ①计算机网络－安全技术
－研究 Ⅳ. ①TP393.08

中国版本图书馆 CIP 数据核字(2014)第 277296 号

规范约束的 Agent 可信协同模型与机制研究

周尤明　著

责任编辑	王黎明
责任校对	陈维君
封面设计	王妤驰
责任印制	包建辉
出版发行	浙江工商大学出版社
	(杭州市教工路 198 号　邮政编码 310012)
	(E-mail:zjgsupress@163.com)
	(网址:http://www.zjgsupress.com)
	电话:0571-88904980,88831806(传真)
排　　版	杭州朝曦图文设计有限公司
印　　刷	虎彩印艺股份有限公司
开　　本	710mm×1000mm　1/16
印　　张	13.25
字　　数	231 千
版 印 次	2015 年 6 月第 1 版　2015 年 12 月第 2 次印刷
书　　号	ISBN 978-7-5178-0749-0
定　　价	33.00 元

前　　言

如何在分布、动态、共享的网络计算环境中，建立 E 机构（Electronic institution）去规范和约束 Agent 的协同行为，使得系统可信？如何表达和实施协同行为规范，使得只要个体都遵从行为规范，就可预测这些个体完成拟定的全局目标？如何使得 Agent 能够有效地遵循行为规范，且在 Agent 违反行为规范时能有效地追究其责任？如何建立高效的 VO 体制，使系统尽量减少合同违约？如何使系统体制表现出自管理能力，自修复能力？这些都是当前研究的热点。目前，以软件 Agent 充当自治计算元素，建立 E 机构调控多 Agent 系统是进行上述热点研究的有效方法。但却缺乏有效的模型和机制去支撑 Agent 的可信服务协同，以减少违约的发生。为此，本书提出了规范约束的 Agent 可信协同模型与机制研究，以减少违约，提高可信度。文章主要的研究内容和创新成果包括：

1. 提出了 E^{MLHYB} 机构模型，并定义了相应的 E 机构动态模型和运行协议。文中多层次地阐述了 E 机构模型，并且 E 机构模型中规范的定义描述了不同实例层之间的协同行为的制约。通过规范实施机制就可以减少不同实例层之间的规范的违反，提高了可信度。通过 E 机构动态模型的动态调控，可以减少违约，或者使得违约控制在理想范围内。

2. 提出了在直接交易数据不够时检查第三方推荐信任可信度的规范约束框架，同时提出揭露虚假交易骗取信任的框架。

第一，提出了框架体系结构；第二，Agent 的服务信任认为是可变的，它的某个服务的平均信任有时间连续的特性，而不是脉冲改变；第三，时间跨度越大（越是以前的交易数据），计算出来的平均信任越是偏离真实平均信任；第四，提出了基于可变显著水平的贝叶斯建设检验去检查第三方的推荐信任的可信度，同时揭示通过虚假交易骗取信任。本书的规范实施机制是综合性的，包括规范执行前的实施（基于规范的服务匹配机制和协作前的基于合同信任的方案选择机制)、规范执行时的实施(规范的内化和策略驱动的 Agent 自主管理),规范执行后的实施(违约制裁与系统演化)。

3. 建立了基于 $DRQS_{HCT}$ Agent 模型的 VO 自组织、自演化机制。为了减少合同违约,提出了 $DRQS_{HCT}$ Agent 模型来实现 VO 的自组织。为了减少 VO 演化后合同违约,提出了 VO 演化机制的 $DRQS_{HCT}^{ENV}$。

以供应链为例,减少供应链违约,提高供应链可靠性。

总之,本书的模型和机制可以有效抑制规范违反事件的发生。

目录

第1章
绪 论 / 001

1.1 课题提出与研究意义 / 003
1.2 研究现状与存在问题 / 007
    1.2.1 研究现状 / 007
    1.2.2 存在问题 / 018
    1.2.3 解决办法 / 020
1.3 本书主要研究内容 / 022

第2章
基础理论、技术和前期工作 / 025

2.1 基本模态逻辑 / 029
    2.1.1 模态算子 / 029
    2.1.2 道义逻辑 / 030
    2.1.3 时态逻辑 / 031
2.2 动态逻辑 / 034
    2.2.1 动态逻辑语法 / 034
    2.2.2 动态逻辑语义模型 / 034
    2.2.3 动态逻辑语义 / 035
    2.2.4 分析与总结 / 035
2.3 三纬三层的系统构架 / 036

2.4　虚拟社区层 / 037

　　2.4.1　本体 / 037

　　2.4.2　E 机构 / 045

2.5　可信 VO / 058

　　2.5.1　VO 模型（应用型 VO） / 058

　　2.5.2　规范实施（促进型 VO） / 059

2.6　理性 Agent 层 / 061

2.7　前期工作的缺陷 / 064

2.8　本章小结 / 065

第 3 章

E 机构模型 / 067

3.1　E^{MLHYB}机构 / 070

　　3.1.1　层次 / 070

　　3.1.2　E^{MLHYB}定义 / 072

3.2　动态 E 机构模型 / 078

　　3.2.1　静态 E 机构模型 / 078

　　3.2.2　动态 E 机构模型 / 079

　　3.2.3　E 机构动态模型调控机理 / 081

　　3.2.4　动态 E 机构举例 / 091

3.3　E 机构运行协议 / 093

　　3.3.1　E 机构运行协议语言 L^{RUNPRO} / 093

　　3.3.2　多 Agent 运行模型 / 094

　　3.3.3　多 Agent 运行模型涉及的概念 / 095

　　3.3.4　评论 / 097

3.4　本章小结 / 098

第 4 章

供应链上规范实施事前机制 / 099

4.1　多 E 机构系统供应链 / 102

4.2　基于规范的 n 纬空间下的服务匹配 / 103

　　4.2.1　引言 / 103

　　4.2.2　系统概念和体系结构 / 104

　　4.2.3　匹配过程和例子 / 107

4.3　本章小结 / 116

第 5 章
DRQS$_{HCT}$ Agent 支持的 VO 及其演化 / 117

5.1　引言 / 119

5.2　DRQS$_{HCT}$ Agent 模型及形式化定义 / 121

　　5.2.1　Agent 能力 C、签订的合同 T 和合同履行历史 H / 121

　　5.2.2　处方 R、服务合成 Q、共享信息 S 和分配方案选择机制 D / 122

　　5.2.3　DRQS$_{HCT}$ Agent 模型定义 / 126

5.3　DRQS$_{HCT}$ Agent 的协作机制(模型指导下的 VO 组建过程) / 128

5.4　实例与实验分析 / 130

　　5.4.1　实例分析 / 130

　　5.4.2　实验和结果分析 / 132

5.5　相关比较 / 136

5.6　评论 / 137

5.7　DRQS$_{HCT}$ Agent 支持下的 VO 演化机制 DRQS$_{HCT}^{ENV}$ / 138

　　5.7.1　VO 中某个(某些)二方协同合同执行异常 / 138

　　5.7.2　VO 中后续二方协同(合同)的演化 / 139

　　5.7.3　评论 / 142

5.8　本章小结 / 143

附件　第三方推荐信任检验框架 / 144

第 6 章
实例分析 / 159

6.1　多实例层 E 机构 / 161

　　6.1.1　模拟春运旅客购票进站 E 机构 / 161

6.2　E 机构 CARREL(器官移植) / 164

　　6.2.1　E 机构 CARREL 中的角色 / 165

　　6.2.2　E 机构 CARREL 中的多方交互 / 166

　　6.2.3　E 机构 CARREL 中的多方交互定义 / 166

　　6.2.4　E 机构 CARREL 中的多实例层交互 / 171

6.3　E 机构之间的服务调用 / 173

6.4　动态 E 机构——交通十字路口 E 机构 / 175

6.5　本章小结 / 182

第 7 章
结论与展望 / 183

7.1　本书工作总结 / 185

7.2　未来工作展望 / 187

参考文献 / 188

后　记 / 201

图表目录

图 1.1 面向服务体系结构的协作关系 ……………………………… 008

图 1.2 OMNI 框架 …………………………………………………… 014

图 1.3 规范实施机制 ………………………………………………… 017

图 1.4 章节结构 ……………………………………………………… 023

图 2.1 语法树 ………………………………………………………… 030

图 2.2 系统构架 ……………………………………………………… 036

图 2.3 概念的表示格式 ……………………………………………… 038

图 2.4 概念的分类体系描述格式 …………………………………… 039

图 2.5 概念属性的侧面定义的描述格式 …………………………… 041

图 2.6 条件表达式 …………………………………………………… 042

图 2.7 规则表达 ……………………………………………………… 042

图 2.8 规则组表达 …………………………………………………… 043

图 2.9 Agent 服务描述格式 ………………………………………… 044

图 2.10 服务领域接待本体论(局部) ……………………………… 044

图 2.11 Agent 服务描述示意图 ……………………………………… 045

图 2.12 业务角色定义 ………………………………………………… 047

图 2.13 二方协同定义 ………………………………………………… 048

图 2.14 业务处置(操作)定义 ……………………………………… 049

图 3.1 同一实例层 …………………………………………………… 070

图 3.2 多层次规范图 ………………………………………………… 071

图 3.3 E 机构元素及其关系 ………………………………………… 073

图 3.4 E 机构体系结构 ……………………………………………… 074

图 3.5 规范参数遗传算法 …………………………………………… 091

图 4.1 多 E 机构系统 ………………………………………………… 108

图 4.2　扩展服务匹配 …………………………………………… 114

图 5.1　DRQS$_{HCT}$ Agent 模型 ……………………………… 126

图 5.2　VO 中后续二方协同（合同）的演化 ………………… 140

图 6.1　E 机构 CARREL 交互过程 …………………………… 165

图 6.2　Reception 交互 ………………………………………… 167

图 6.3　Reception 交互消息 …………………………………… 167

图 6.4　Consultation 交互 ……………………………………… 168

图 6.5　Consultation 交互消息 ………………………………… 168

图 6.6　Organ Exchange 交互 ………………………………… 169

图 6.7　Organ Exchange 交互消息 …………………………… 169

图 6.8　Tissue Exchange 交互 ………………………………… 170

图 6.9　Tissue Exchange 交互消息 …………………………… 170

图 6.10　Confirmation 交互 …………………………………… 171

图 6.11　Confirmation 交互消息 ……………………………… 171

图 6.12　MMA 的本地业务过程 ……………………………… 173

图 6.13　适用情景描述模式 …………………………………… 173

图 6.14　req 的使用情境 ……………………………………… 174

图 6.15　由方格组成的十字路口 ……………………………… 175

图 6.16　十字路口的右边和前边规范 ………………………… 177

图 6.17　十字路口的右边和前边规范表达 …………………… 177

图 6.18　规范参数遗传算法 …………………………………… 178

表 5.1　Agent 属性 …………………………………………… 133

表 5.2　从时间上比较 ………………………………………… 135

表 5.3　从协作 Agent 个数上比较 …………………………… 135

表 6.1　实验结果 ……………………………………………… 181

第1章 绪 论

1.1 课题提出与研究意义

1.2 研究现状与存在问题

1.3 本书主要研究内容

本章重点介绍课题提出的背景与研究意义、综述当前的研究进展和存在问题、给出本书的研究内容及组织。

1.1
课题提出与研究意义

随着网络技术的迅速发展和电子商务的普及,越来越多的企业只需实现它们的核心业务,而其他应用型业务则可通过 Internet 来获得。因此对一个企业来说,它不仅要求高性能集成内部异构平台上的信息和计算资源,还需要经由 Web 与外界进行资源的共享和协同工作,以实现其目标。随着人们对外界协同信息系统的需求越来越旺盛,对系统功能和性能的要求也越来越高。网格计算就是应人们的这种需求把互联网整合为一台巨大的超级计算机,实现计算资源、存储资源、信息资源、知识资源等的全面共享。但是网格计算使得信息系统规模越来越大,结构越来越复杂,管理也越来越困难。这种复杂性的增长正在超越人们管理能力的极限。众多动态形成的多体制 VO 及其协作过程,更大幅加剧了人工部署、管理、维护网络计算环境(基础设施)和应用系统的复杂性。自治计算在这种背景下出现并发展起来。自治元素以对人透明的方式封装复杂的管理活动,并能依据人类管理者给出的高级目标管理自己,以便将人类管理者从协调和控制计算元素及其互操作的细节中解脱出来,人只需对计算系统的行为发布指令,人机协作将变得更加自然、亲和及便捷。由于 Agent 具有自治性、主动性和社会性等特点,我们认为 Agent 技术是自治计算的最佳候选。软件自治体 Agent 和 Multi-agent 技术可以代理人们实现与外界进行资源的共享和协同工作。然而软件自治体 Agent(或 Ace)代理人们进行资源的共享和协同工作却也带来新的问题,尽管引入自治计算技术可以突破服务协同的非自治性而导致的局限性,但却遭遇自治计算面临的"可信"危机。"不可信"源自 Agents 的自治性和"黑箱"性,使得相互陌生的 Agents 动态组建协同系统时,其行为难以为系统可靠地预测和控制(注意:这种因个体行为难以预测和控制而导致的协同效应"可信"危机,不同于网络安全和个体信誉问题产生的"可信"危机)。从而,自治式服务协同面临自治计算技术遭遇的同样挑战:如何建立能用于理解、控制和设计自治计算行为的抽象理论模型,使得尽管 Agents 各自追求私有(本地)目标,但仍然可以信任它们能够协同完成期望的全局(整体)目标[1,8]。E 机构技术就是为解决这一挑战而提出的关键技术,通过制定社交结构和配套的协同行为规范来约束和调控 Agent 个体的协同行为及其演化,使得只要个体都遵从这些行为规范,就可信任由这些个体动态组建的协同式服务计算系统能够完成拟定的全局目标[2]。

从以上可以看出,一边是为了满足人们日益对协同信息系统的需求,规模和结构越来越庞大的协同信息系统不断出现,作为软件自治体代理 Agent 具有自治性、反应性、合作性和主动性等特征,可以代理人们进行资源的共享和协同工作;另一边需要制定 E 机构(系统化制定社交结构标准和配套的协同行为规范)约束和调控 Agent 个体的协同行为,进而使群体协同效应变得可控、可预测、可信,从而解决软件自治体 Agent 行为难以可靠地预测和控制而出现可信危机。那么构建怎样的一个协同体系才能实现系统具有相当的自治性并表现出自主管理的能力,又使得系统表现出可信、可预测? 我们的研究就在这样一个问题背景下提出并展开。

现有的软件自治体 Agent、Multi-agent 技术和 E 机构技术通过简单的组合并不能实现上述可信目标。第一,虽然 E 机构技术的研究早就存在,并积累了一定的理论和技术,但不能反映随环境和目标变化的动态调控的情形,因此不能通过动态调控使得违约控制在理想范围内,从而减少合同违反。就像人类社会的制度和管理随时间的变化而发生必要的变化一样,Agent 社会的 E 机构也应随时间的变化而发生必要的变化。在此情况下,必须开发全新的理论、概念和方法论,才能实现在自治计算之上的有效的宏观调控。第二,Agent 社会的运行是多实例层的。例如同一个时间段里多个售票员与多个旅客的交互,现有的 E 机构的定义则是单实例层的,在这种情况下,E 机构调控技术必然面临新的问题。某一实例层中的规范的触发条件是否跟另一个实例层有关系,如果有关系,那么在规范定义时必须加以说明,而传统规范触发条件定义只与本实例层有关。现行 E 机构的研究仅仅从单实例层研究协同行为规范,没有涉及不同实例层之间的协同行为的制约,因而不能通过规范实施有效地减少或者避免不同实例层之间的违约。第三，虽然现有的软件 Agents 的研究早就存在，并积累了一定的理论和技术，比如具有自治性、反应性、合作性和主动性等特征，是具有语义互操作和合作行为协调能力的软件实体，表现出对自身行为的控制和协调能力以及对环境的适应能力，这使它成为自治系统中自治元素的最佳候选者，但却缺乏 E 机构的必要知识，因此不能在服务协同中主动地尽量减少合同违约。第四，现有的规范的实施机制（是自治体 Agent 与 Multi-agent 技术和 E 机构技术之间的衔接）是单一的、事后实施的，这必然带来服务协同的风险。例如存在着少数行为不轨的 Agent，尽管实施机制对行为不轨的 Agent 进行了必要的制裁，但最终使得协同失败，协同目标未能完成。因此有必要有一种规范的全面实施机制，以减少规范实施的风险。第五，现有 E 机构的规范表达缺少应有的违反语义，不能反映规范的软性约束，也就不能通过合理地设置违反规范时 Agent 应该承担的义务来有效减少规范违反的发生，也不能给予 Agent 的自主空间，从而 E 机构制定的规范不能有效地对 Agent 的协同行为进行调控。

由此上述可见，可信的 Agent 服务协同却少了必要的模型和机制去有效地支撑可信 Agent 的服务协同，减少合同违反，提高可信度。那么构建怎样一个 E 机构模型或机制才能反应随环境和目标变化的动态调控的情形，又能够更有效地动态调控 Agent 的协同行为，使得 Agent 的协同行为更有效地得到动态调控？构建怎样一个 E 机构模型或机制使得调控技术可以建立在多实例层的 Agent 社会之上，并且处多实例层调控遇到的一些实际问题？构建怎样的一个 Agent 模型，才能更有效地组建 VO，减少违约，更有效地由 Agent 代理人们实现协同可信的资源共享以及协同问题求解？构建怎样一个 Agent 模型和机制使得尽量减少 Agent 的违约情况，并且在违约时系统进行必要的演化以使系统更趋稳定？构建怎样的一个规范实施机制，使得系统尽可能地或更有效地做到减少违约，并且违规必究，尽可能或更有效地完成系统的全局目标？

同时，如何应用规范约束的 Agent 可信协同，应用降低 Agent 违约技术，去解决供应链可靠性问题？

解决上述问题的根本途径是制定有效的 E 机构模型来宏观地约束和调控 Agent 个体的协同行为，同时构建有效的 Agent 模型来微观地配合 E 机构的宏观调控，并制定全面的规范实施机制来实施规范，进而使群体协同效应变得可控、可预测、可信。通过构建自演化模型，使得 VO 协同异常时，进行自修复，并减少演化后的合同违约，使得演化后的系统稳定可靠。本书规范约束的 Agent 可信协同模型与机制研究就是为有效的 E 机构模型、有效的 Agent 模型和全面的规范实施机制而提出的。

因此,我们认为规范约束的 Agent 可信协同模型与机制研究至少需要以下技术作为基础:

(1)软件 Agents 具有的自治性、反应性、合作性和主动性等特征,是具有语义互操作和合作行为协调能力的软件实体,它是系统进行可信服务协同的基础;

(2)基础 E 机构制定的制定社交结构标准和配套的协同行为规范是进行可信 Agent 协同的宏观调控的基础;

(3)对违规 Agent 进行监控制裁是规范实施的技术基础。

并且基于可信 Agent 服务协同的模型与机制研发至少需要解决以下几个问题:

(1)对软件 Agents 进行必要的扩展,使之具有 E 机构的必要知识,并利用 E 机构的必要知识进行统计分析,使得 Agent 能够根据合同规范履行历史记录,选择最好的协作者,把规范违反减少到最低,使得 Agent 能够从不同的 E 机构提供的服务做选择,减少规范冲突。

(2)基础 E 机构的扩展模型如动态模型、多实例层模型等是解决可信 Agent 服务协同面临的宏观调控新问题的有效途径。

(3)全面实施规范是解决可信 Agent 服务协同面临新问题的有效保障。

(4)全面实施检查第三方推荐信任的有效机制方法,抵制虚假交易。

(5)全面实施可信机制,减少供应链违约。

规范约束的 Agent 可信协同模型与机制研究有助于克服 AOSE(面向 Agent 的软件工程)面临的"自治"和"可信"需求新问题;为基于 Agent 技术的自组织和自演化给运行机制自适应、系统维护自治化、系统保障可信化等[2]提供了更加有价值、有潜力的研究和技术支持,使得 VO(虚拟组织)具有按需动态自组织和自主演化的优秀品质,可望在动态组建企业联盟、区域块状经济、科研、工程和政务协作中得到更好的推广应用。

接下来介绍 E 机构和自治计算的研究现状、存在问题,然后给出本书的主要解决办法、研究内容和主要贡献。

1.2 研究现状与存在问题

1.2.1 研究现状

1.2.1.1 网格计算与面向服务的体系结构现状

1.2.1.1.1 面向服务的体系结构

面向服务的体系结构[22,39]（Service-Oriented Architecture，SOA）与面向服务的计算（Service-Oriented Computing，SOC）已经无可争议地成为领航 IT 行业的新一轮浪潮，并将在今后给软件和网络带来根本性的变革。对已有服务的重用，并在其基础上进行重组以形成新的松散耦合分布软件系统是 SOC 与 SOA 的核心思想。随着 Web 服务标准体系与技术的不断成熟和深化发展，Web 服务已经成为 Internet 最为重要的计算资源，同时也促进了 SOC 和 SOA 的发展与应用。Web 服务与其组合技术已经成为 SOC 的核心技术，它将是 SOA 在实用化过程中需要解决的重大问题，也是促使 SOA 从概念走向实用的关键步骤。面向服务的体系结构[40,41-43]SOA 提供了一种用于建立应用服务的系统平台[41-44]，它具有松散耦合、位置透明和协议独立三个主要特征。在该体系结构下，服务用户无须知道服务是由谁提供，也无须担心异构系统提供服务时可能的调用失效，服务基础设施将会解决这一系列的问题。这样，Internet 中的各类资源之间的互操作和协同工作变得简单便捷。

面向服务的体系结构包含三类实体：服务请求者、服务提供者和服务注册中心。服务协作过程（如图 1.1）按照"服务广告、服务查询、服务调用"的流程进行。首先，服务提供者通过向服务注册中心发布服务广告，以便服务请求者可以通过注册中心发现并调用服务；然后，服务请求者可以通过向注册中心查询取得所需要的服务提供者的接口信息和端口地址；最后，服务请求者直接向服务提供者调用服务。在该体系结构中，服务请求者、服务提供者和注册中心的作用定义如下：

◆ 服务请求者：可以是一个应用程序、软件模块，甚至是另一个服务。它可以向注册中心查询所需要的服务，并且直接向服务提供者调用服务。

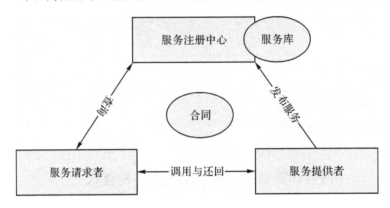

图 1.1 面向服务体系结构的协作关系

◆ 服务提供者：是一个网络中可寻址的实体，它提供某些种类的服务，描述服务广告并且向服务注册中心进行发布，接受服务请求者的服务调用信息并且提供服务。

◆ 服务注册中心：是一个中介机构，提供一个服务注册库，负责服务广告的存储、维护和检索，接受服务请求者的服务查询并返回服务提供者信息列表。

在该体系结构中，Web 服务[43]是 SOC 与 SOA 中所强调的服务概念的一个具体表现形式和功能载体，它是一种基于 Web 环境的模块化的应用程序，具有自适应性、自描述性和互操作性。Web 服务提供了一种分布式计算方式来集成分布于因特网环境中的异构应用。Web 服务基础设施提供了一系列标准操作规范，以支持 Web 服务的有效耦合，包括 SOAP、UDDI 和 WSDL。其中，WSDL 描述了各个服务之间的接口规范（如何进行通讯和如何序列化信息）；UDDI 提供了注册中心的功能，支持服务的注册与查询；SOAP 规范了 Web 服务之间传递消息的格式。

1.2.1.1.2 网格计算

前面讲到，网格计算是一种可以通过开放式标准协议和框架来综合集成网络计算资源的机制，用于实现动态、多机构虚拟组织中协调的资源共享和问题求解[137,138]。网格计算的研究可以追溯到分布式高性能计算的研究，从早期的面向同构处理器的并行计算，到基于异构处理环境的异构计算和集成分布与并行计算的元计算[139]。这些研究的共同目标都是提供超大规模计算能力去支持计算量巨大的复杂科学计算。网格计算研究的初期注重研制所谓的计算网格[140]，旨在聚集网格上分布的各种计算资源形成内部结构和运作机制对用户透明的虚拟超级计算环境。以后又扩展到建立数据网格[141]，用于实现和提供对于跨组织（企事业）数据的协作访问能力。

近年来，面向服务的体系结构[22,39]（Service-Oriented Architecture，SOA）与面向服务的计算（Service-Oriented Computing，SOC）是网格计算技术的核心技术。随着语义 Web 技术和 Web 服务观念的兴起，网格计算技术更趋开放式方向发展。典型的有全球网格论坛（GGF）提出的开放的网格服务体系结构 OGSA。

下一代网格技术的发展就是要通过建立描述资源的元数据和定义元数据语义的共享本体论，语义 Web 技术引入网格技术，以克服网格技术缺乏跨越不同领域和超越网格服务描述规范的公共信息建模规范。从而，将语义 Web 技术融入网格计算的语义网格，成为通往下一代网格的必由之路。通过建立描述资源的元数据和定义元数据语义的共享本体论，语义 Web 技术可以清晰地描述网格服务的需求、适用性和服务共享上下文的语义，由于服务及其交互的信息都给予良好定义的语义，从而有效支持网格服务的共享和协同工作，并促使现行网格提升为语义网格。

1.2.1.2　基于 Agent 的自治计算研究现状

1.2.1.2.1　自治计算的概念

网格计算使得信息系统规模越来越大，结构越来越复杂，管理也越来越困难。这种复杂性的增长正在超越人们管理能力的极限。消除因系统的空前复杂而导致的人工管理面临的困境，根本的解决办法是将人工管理流程嵌入基础设施，然后自动化对这些流程进行管理。以此为动机，2001 年 IBM 提出了软件复杂性危机的概念，并提供了解决危机的方法——自治计算技术[2-7]。IBM 认为在 21 世纪阻挡 IT 工业的主要障碍是软件复杂性危机。软件复杂性危机源于软件工业的发展，为了实现工业自动化，人们不断开发功能强大的软件来解决问题，代码的数量日益增多，对已有代码的维护工作也越来越大。当前，代码维护所需的熟练工人已出现不足，而且软件维护的难度也越来越大，将超出人的处理能力，所以，迫切需要一种技术来解决软件复杂性危机问题。IBM 根据人体神经网络的原理，提出自治计算的思想。自治计算技术的核心是自主管理。目前，

IBM 的研究者将自治计算中的自我管理机制例示为四个方面的能力（特性）：自配置、自修复、自优化和自保护。

- 自配置——自动地适应于动态变化的环境。自配置组件使用 IT 专家提供的政策，自动适应 IT 系统中的变化。这些变化可能包括新组件的部署、现有组件的移除、工作负载的急剧增加或减少等。

- 自修复——发现、诊断和修复故障。自修复组件可以检测系统故障，并启动基于政策的修复活动。

- 自优化——自动监视和调整资源。自优化组件能够自我调整以满足终端用户或商业的需求。调整活动可能意味着重新分配资源来改善系统的总体效用或者确保特定的商业交易能够及时完成。

- 自保护——预见、监测、识别、保护来自各处的侵袭。自保护组件能够在敌意行为发生时监测到它们，并采取行动使得自己不易受攻击。敌意行为可能包括未经授权的访问和使用、病毒传染与繁殖以及服务拒绝入侵等。

从自治计算技术的特性可以看出，其优势在于可以构建自主管理系统来降低大型系统的管理复杂性问题，很适合用于按照服务供需构建起来的虚拟组织系统。

1.2.1.2.2 自治计算的体系结构现状

在体系结构上，传统的计算系统的管理方法通常是集中控制的或者是层级结构，典型的集中控制由单一自主管理器和 1 到多个被管元素构成。后者常是传统网络计算系统中的非自治元素（但必须改编或封装成可为自主管理器监视和控制），可以是硬件资源（CPU、存储设备、打印机等）或软件资源（数据库、目录服务软件、传统基础软件、传统应用系统）。通过监视被管元素和外部环境，自主管理器基于获取的信息和自己拥有的知识作分析，并由此构造和执行用于操作被管元素的计划；从而将管理人员从直接管理非自治元素的责任中解脱出来。另外，自治元素有复杂的生命周期，可以不断开展多线路活动，并感知和应答环境的变化。而当今大规模计算系统是高度分布式的，并且有复杂的连接和交互，这样使得集中控制不可行。Gerald Tesauro 等在文献[9]中提出一种基于 Multi-agent 系统的用于自治计算的分散式体系结构（Unity），实现了许多期望的自治系统行为，包括目标驱动的自我组合、自我修复和实时的自我优化。在 Unity 中，各个应用环境中的自治元素（Agent）依据该应用的服务级函数所说明的信息来计算资源级的效用函数。然后，把来自多个应用环境的资源级的效用函数送到一个资源仲裁元素。最后,该仲裁元素计算所有应用的服务器的全局优化分配方案。Unity 系统的组件实现为自治元素——个体 Agent,它可以控制资源,并把服务传递给人或其他自治元素。每个自治元素负责自身的内部自治行为,如它所控制的资源的管理、内部操作的管理等。同时,每个自治元素也负责形成和管理自治元素之间的关系。Huaglory Tianfield 在文献[10,11] 中阐述的自治计算系统也是基于 Multi-agent 系统。该系统通过一个分布的、嵌套的"感知-决策"链来实现主要的自治机制。感知-决策链形成多个循环,这些循环可以被嵌套,形成多层的控制体系。每个循环可以由一个或多个 Agent 来实现。这里的 Agent 是一个自治实体,它由一组计算实体组成,其中三个实体是标准的,分别用于内部调度、问题求解以及社交通讯路由,而其他的实体则是可选的。文献[12]提出了一种用于自治计算的体系结构方法,该方法采用面向服务的体系结构,结合面向 Agent 的系统的思想,通过添加实现自我管理所需要的接口、行为和设计模式,来达到系统自我管理的目标。面向服务(Web 服务、Grid 服务)的体系结构理念将作为研究和开发自治计算的基础。自治元素设计为服务的提供者和消费者;消费者按需自主和主动发送服务请求,而提供者则以自己的效益目标约束服务的提供。通过协商建立供、需协作关系,可以有效支持 2 个或多个自治元素间的协同工作。

1.2.1.2.3　Agent 技术现状

Agent 技术是实现自治计算的最佳候选,不仅在计算机技术、控制技术等领域得到深入的研究和应用,而且在社会、经济和医学等领域也得到广泛的应用,并且涵盖了越来越广的知识领域和交叉学科。智能主体(agent)是人工智能领域的一个重要分支[13,45-46],目前对 agent 的观点和定义还未统一。Lane 认为agent是一个具有控制问题求解机理的计算单元,它可以是一个机器人、专家系统、过程、模块或单元等[21];Shoham 认为,一个状态包含了诸如信念(Belief)、承诺(Commitment)、决定(Decision)和能力(Capability)等精神状态(mental state)的实体便是 Agent[22];最经典和广为接受的是 Wooldridge 和 Jennings 等人有关 Agent 的"弱定义"和"强定义"的讨论,认为 Agent 是拥有反应性、自治性、社会性等特性的系统[46,47]。

(1)自治性:Agent 可以在没有用户和其他 Agent 的直接干预的状况下运行,并且它们对自己的动作和内部状态具有一定程度的控制能力。

(2)社交能力:Agent 可以借助 Agent 通讯语言与其他 Agent 甚至人进行通讯。

（3）反应性：Agent 可以察觉环境的变化，包括物理世界的讯息，用户借助图形接口的输入信息，其他 Agent 的讯息等，并做出及时的响应以应对环境的变化。

（4）预动性：Agent 不仅仅对环境变化做出反应，它们也能够主动进行一些目标驱动的行为。

Agent 可以分为多种类型[22]，从对主体的构造角度出发，单个 Agent 的结构通常可以分为思考型 Agent、反应型 Agent 和混合型 Agent。

反应型 Agent 不断对环境进行感知，根据环境的变化调整自身的行为，其内部不需要知识和推理，具有简单、经济和健壮等优点，但其智能程度相对较低。

思考型 Agent 是一个意识系统，具备人类所具有的思维状态。传统思考模型主要考虑信念、愿望和意图。比如 Rao 和 Georgeff[13,14] 的分支时间可能世界 BDI 逻辑；Cohen 和 Levesque[15] 的意图逻辑；Konolige 和 Pollack[16] 的个体 BDI 逻辑；Bratman 等人[48,49] 将信念、目标和意图作为主体思维状态的基本组成元素，并强调了意图的不可替代性；Hu[17,18] 的双子集语义改进模型；Kang[19,20] 的 MAL 模型；Xu[21] 的含个性的实现模型。传统的 BDI 逻辑只适合系统目标固定的环境，不能显示表示社会宏观约束、人类的上层商业需求以及 Agent 之间的协作关系。这是因为在传统的 BDI 逻辑中，Agent 目标的产生仅来自 Agent 自身的愿望(D)，不能反映社会对 Agent 的要求、人类对 Agent 的动态指导和其他 Agent 对该 Agent 的愿望。

为了结合社会属性，研究者陆续将外部动机也加入思考型 Agent 的思维状态中，产生动机扩展型 Agent。扩展模型除了考虑内部动机，还考虑来自 Agent 外部的动机。近年来，诸多研究者将一些社会概念，诸如规范（Norm）和义务（Obligation）[22-28] 等引入 Agent，使得社会对 Agent 的约束以及 Agent 之间的关系等得到了显示表示，提高了 Agent 的反应能力、可操作性和稳定性。

混合型主体结合了反应型主体和思考型主体的优点，具有较强的智能性和健壮性。

单个主体一般只拥有有限的计算能力和计算资源，在实现自身目标和全局目标的过程中往往需要与其他的主体进行交互和协作。由多个通过交互进行资源共享和协作问题求解的主体构成的系统我们称之为多主体系统。目前对多主体系统(MAS)的研究工作主要包括主体之间的协同[50,51]、协作[52]和协商[53]等。

总而言之，Agent 是一个具有反应性、自治性、社会性和主动性的抽象实体。它具有知识、目标和能力，它能作用于自身和环境，并能对环境做出反应，能够实现设计者和使用者一系列目标。Agent 的智能特性表现为能够进行高级问题求解,可随环境的变化修改自己的目标,学习知识和提高能力。

1.2.1.3　E 机构的概念和现状

1.2.1.3.1　E 机构的概念

作为人类社会中机构及其制度的对应,E 机构是依据社会需求调控 Agents 交互行为的抽象协议,是 Agent 开展协同活动必须遵循的社交结构和协同行为规范的集合。E 机构通过系统化描绘社交结构标准和配套的协同行为规范来约束和调控 Agent 个体的协同行为及其演化,使得只要个体都遵从这些行为规范,就可信任由这些个体动态组建的协同式服务计算系统能够完成拟定的全局目标[2]。E 机构包括应用域 E 机构和社交促进 E 机构。

应用域 E 机构制定了实现应用域服务协同的社交结构标准和配套的协同行为规范。社交结构制定了 Agents 参与和开展应用域协同活动的标准,包括服务集(可提供/获取的服务及其下属操作的调用、结果返回方式和相关约束)、业务操作型角色集(伙伴角色及其业务处置角色)和分布业务过程(协同活动间的时序和依赖关系)。这些标准成为应用域赞同一致的 Agent 设计约束,使得只要遵从这些标准,相互陌生的异构 Agents(实现细节透明)就能够动态、自主地按需开展协同活动。配套的应用域协同行为规范成为协同参与者约束自身行为和监督协同对方行为的依据,聚焦于服务协同则使得协同行为规范能够局限于制定 Agents 的服务调用权利、服务提供职责以及服务契约履行过程中的职责、禁忌和权利。

社交结构标准和配套的协同行为规范(在社交促进 E 机构中)也成为社交促进服务工作的依据。社交促进服务划分为 2 类:辅助和监控。辅助服务促进应用域服务协同的开解、安全和优化的建立,监控服务则成为要求社会成员遵从协同行为规范的威慑力量,并用于解决违规冲突。由于社交促进 E 机构制定了实现社交促进的社交结构标准和配套的协同行为规范,承担该 E 机构制定角色的 Agents 构成 Agent 社区的管理层,通过提供协同辅助和监控服务促进服务协同的优化建立,并维护服务协同的成功执行。维护服务包括对于服务协同执行过程的监视和冲突仲裁,并且仲裁 Agent 有权针对违规的 Agent 动态制定惩处 Norm。

显然,E 机构(应用域 E 机构和社交促进 E 机构)制定的社交结构和协同行为规范是 Agent 的设计约束和行为约束,只要 Agent 遵循 E 机构制定的这些规范,就可以预见系统全局目标的实现。

1.2.1.3.2 E 机构研究现状

近年来,基于 E 机构的调控已经成为调控 Agent 协同行为的研究热点,通过建立组织结构,并在其中嵌入行为规范,通过行为规范的实施,使得全局目标得以保障。

Dignum 团队对 E 机构方面技术所做的研究工作引人注目[29-33],尤其是他们提出的作为 MAS(多 Agent 系统)建模框架的 OMNI(Organizational Model for Normative Institutions)[34-35,75,55,58,59,23,24,76-78],从规范制订、协同组织、本体建立三个维度,抽象、具体、实现三个层次,实现了开发应用域 E 机构的结构化模型。如图 1.2,抽象层定义组织的法令和基本的本体论模型;具体层将抽象层的法令精化为具体的规范形式,并定义组织模型,在组织模型中考虑角色、业务过程、相应规范、应用域本体论和通讯语;在应用层,通过设计一个具体的多 Agent系统,来完成具体层角色的承担和规范的实施。OMNI 的优势在于通过显式定义 E 机构的组织模型,来支持社交行为规范的结构化设计,不仅有助于规范的健全设计和一致性维护,也使得规范调控的自治协同具有易于操作化的实现框架。

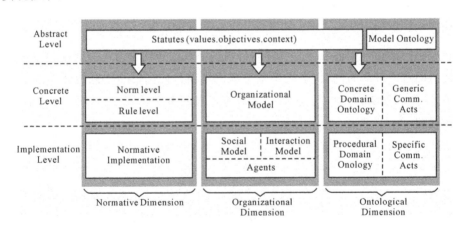

图 1.2 OMNI 框架

Dignum[35] 的社交组织模型是整个框架的核心组成部分,包含四个结构:社交结构、交互结构、规范结构和通讯结构。其中,社交结构定义为角色及其间关系的集合;交互结构场景脚本和个体之间的交互过程;规范结构描述了角色和交互需要遵从的规范;通讯结构定义了本体论和通讯原语。Dignum 将社交行为规范嵌入应用域 E 机构(组织模型)中,使得社交行为规范被社交组织模型强制性限制,行为规范得以遵守,这样一来有利于高效地实现社交行为规范约束作用,从而社交组织模型成为健全的规范建立的基础。

Vázquez-Salceda 也对规范调控的自治协同作了深入的研究。在对 Agent 行为的多层次框架作理论研究的基础上,他提出的 E—组织建模框架 HARMO-NIA[36-37]分抽象、具体、规则、程序 4 个层次,逐步精化多 Agent 系统中约束自治个体的规范,并将规范分配给电子组织中的不同角色。这种逐步精化方法有助于 Agent 行为规范的系统化设计,但仅面向静态建立的电子组织,不支持自治协同的动态建立。

Vasconcelos 团队的研究工作集中在基于规则的规范表示语言[79,80]和 E 机构及其规范的一致性验证[81,82],但该语言(基于 Prolog)只能用于支持理论研究,难以与主流的网络(分布)计算技术接轨。尽管提出了有规范意识的 Agent 社会体系结构[83],但仅是规范表示语言层面上的抽象框架,未提供像 OMNI 那样的结构化模型去支持应用开发。

1.2.1.4　规范研究现状

近年来,基于规范的管理[54,23-24,55-74]已经成为系统总体行为领域的研究热点,通过行为规范的实施,使得全局目标得以保障。

Javier Vázquez-Salceda[136]通过 BNF 范式把规范的主体部分、规范的触发条件、规范检测、违反惩罚和违反演化等都定义在规范定义中。其规范的定义如下:

> NORM ∷＝NORMCONDITION
>
> VIOLATION CONDITION
>
> DETECTION MECHANISM
>
> SANCTION
>
> REPAIRS
>
> NORMCONDITION ∷＝N(a,S〈IF C〉)│OBLIGED(b ENFORCE(N(a,S〈IF C〉)))
>
> N ∷＝OBLIGED│PERMITTED│FORBIDDEN
>
> S ∷＝P│DO A│P TIME D│DO A TIME D
>
> C ∷＝formula
>
> P ∷＝predicate
>
> A ∷＝action expression
>
> TIME ∷＝BEFORE│AFTER
>
> VIOLATION CONDITION ∷＝formula

```
DETECTION MECHANISM ：：＝｛action expressions｝
SANCTION ：：＝PLAN
REPAIRS ：：＝PLAN
PLAN ：：＝action expression
action expression ：：＝PLAN
VIOLATION CONDITION ：：＝formula
DETECTION MECHANISM ：：＝action expressions
SANCTION ：：＝PLAN
REPAIRS ：：＝PLAN
PLAN ：：＝action expression｜action expression；PLAN
```

其中,NORMCONDITION 是规范的主体和触发条件,规定 Agent a 在 C 条件满足的情况下有义务、允许或者禁止达到目标 P 或执行动作 A,或 Agent b 有义务促使 a 达到目标 P 或执行动作 A。VIOLATION CONDITION 是违反条件,DETECTION MECHANISM 是检测条件,SANCTION 是规范违反后制裁规划,REPAIRS 是规范违反后修复规划。

此规范的表达缺点是表达复杂,没有语义。

Grossi[72]认为 E 机构是保证 MAS 能够取得其全局目标的有效方法,关键在于如何遵从和实施 E 机构中的规范约束。因此,Grossi 为 E 机构规范设计了两种实施机制:硬性实施机制(Regimentation)和柔性实施机制(Enforcement)。其中,硬性实施机制保证规范得以强制执行;柔性实施机制允许可能的规范违反,同时设计高层规范通过惩罚的手段迫使规范得以遵从;通过两种机制的结合,Grossi 设计出来符合实际情况的规范遵从手段和实施方法。在该方法中,规范分为三类:

◆ 基本规范(Substantive Norm):是系统中最原始的实质性规范,如"国际器官移植组织不允许在器官分配过程中采纳种族数据"。

◆ 检查规范(Check Norm):是为柔性规范(即是软约束规范)遵从机制所设计的检查基本规范是否违反的规范,如"检查机关应该每两个月检查一次上述基本规范"。

◆ 反应规范(Reaction Norm):是为柔性规范遵从机制所设计的对基本规范违反作出处罚的规范,如"如果种族数据在器官分配过程中被使用了,那么医院将受到相应的处罚"。

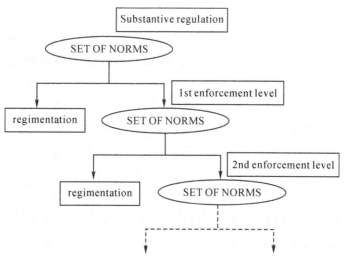

图 1.3　规范实施机制

如图 1.3 所示,在最上层,基本规范构成规范集合,其实施分为两类,一类通过硬性规范遵从机制来强迫实施;另一类通过柔性规范遵从机制来实施。柔性规范遵从机制分为两个步骤:规范违反的检查和违反后的处罚,分别由检查规范和反应规范来处理。同时我们可以看到检查规范和反应规范本身也是规范,也要得以遵从,于是构成第二个层次的规范集合,该规范集合同样依靠两种机制的结合得以实施,依次递进,最底层的规范默认强制实施,或者默认柔性实施但不处罚。

总而言之,规范经历了道义表示到规范实施的研究过程。规范作为约束群体行为的有效手段,非常适合于结合到多 Agent 系统中,作为对自治 Agent 的个体行为的控制,使得系统的全局目标得以保证,同时可以给个体的自治性能留下合理的空间。

1.2.1.5　政策研究现状

近年来,基于政策的管理已经成为一种用于管理网络和分布式系统很具前景的方法。许多典型的大规模系统,它们需要那种既能够自适应又能够动态改变被管系统行为的管理解决方案。基于政策管理的方法可以满足这种要求,即可以在不需重新编码或停止系统运行的前提下,通过改变政策来支持系统行为的动态适应[84]。这意味着可以通过动态更新由分布式实体解释的政策规则来改变它们的行为。作为一个新兴的研究领域,"政策"(Policy)这个术语有着广泛的含义。目前,有许多关于政策的定义。在文献[85]中,政策定义为:"用于约束和指导某实体当前和未来的行为,以确保其动作能够与其自身目标和系统目标相一致"。作者文献中指出,"政策定义了系统的管理策略,因此影响系统的行为。政策的抽象级别可以从高级的商业目标到可以被系统解释的低级政策。"另外,Sloman 在文献[84]中提出了一个有代表性的政策定义:政策是管理系统行为选择的规则(*Policies are rules governing the choices in behaviour of a system*)。从逻辑的角度看,政策一般有两种形式:义务政策(Obligations)和授权政策(Authorisations)。其中义务政策是事件触发的"条件—动作"规则,可以用于定义可修改的管理动作,包括改变服务质量、修改执行存储备份的时间、注册新的用户、安装新的软件等;授权政策则是用于定义一个主体(管理 Agent、用户或角色)可以访问什么服务或资源,另外,当发生违反安全的行为时,比如一个特定的用户多次登录失败或者系统监测到发生了攻击的情况时,安全政策也需要用于定义系统应该采取的动作。政策是持久的,因此为了完成一个动作的一次性命令不是一条政策。比如,基于解释语言(如 Java)的脚本和移动 Agent 也能够支持提供系统的适应性并把新的功能引入分布式网络组件。然而,不同的是,政策所定义的行为选择是依据条件、并在该条件满足的情况下调用预先定义的操作或动作,而不是改变实际操作本身的功能。

1.2.1.6 供应链现状

研究了供应链柔性(自演化、自适应),通过协调中心的单一匹配服务来寻求供应链上的服务协同者。

1.2.2 存在问题

从上面的阐述和分析可以看出,在当前的研究中,虽然各类 Agent 模型(如传统思考性 Agent 模型和扩展的 Agent 模型)都能够从不同的角度为系统提供某些自主管理的功能,并且扩展模型具有理性决策的能力,E 机构也制定了社交结构和协同行为规范去约束 Agent 的行为,在规范实施机制中也设置了促进角色去实施行为规范,VO 的自组织与自演化以及自修复也能够通过Agent 中的外延来实现。不过用这些模型和机制实现的自治计算系统分别存在以下缺陷:

◆ Agent 模型缺点:

(1)单纯基于传统模型的 Agent 技术的自治计算系统虽具有自我决策和自我管理的能力[10,38],但不能接收 E 机构规范的调控,因而很难预测其行为;

（2）扩展模型虽然考虑了包括规范的外部动机，并通过冲突消解、理性决策选择动机去执行，但 Agent 在冲突消解、理性决策过程中，可能会遇上外部动机之间或者外部动机与内部动机之间冲突，这就有可能导致违反规范，可能导致合同执行异常。而目前的 Agent 模型中无法在 Agent 进行冲突消解、理性决策之前消除可能违反规范的可能性，如文献[28]采用冲突消解后，可能放弃执行契约规范，执行愿望动机；

◆ VO 的自组织与自演化以及自修复虽然能够通过 Agent 中的外延来实现，但却缺乏有效的 Agent 模型去支持 VO 的自组织与自演化以减少 VO 的自组织与自演化协作中合同违约事件的发生，导致 VO 的自组织与自演化缺少应有的可信度；

◆ 现有的规范的实施机制（是自治体 Agent 与 Multi-agent 技术和 E 机构技术之间的衔接）是事后实施的，如文献[72][136]。这类对规范违反的处理方式没有事先对 Agent 的行为进行评估，具有"高风险"的特点，即规范违反可能导致服务协同失败。虽然可以通过设置重的处罚来降低事后实施的风险，但仅仅通过设置重的处罚来处理规范的实施问题也使得 Agent 的协作方式非常单一，而且规范的处罚形式也很单纯。为了使得 Agent 协作形式和规范的处罚形式多样化，仅仅通过重处罚实施机制来减少规范的违反是不够的。

◆ 规范表达总是存在缺陷：规范表达没有语义，如文献[136]；不能表达时序规范，如文献[81]；规范建模为硬性约束，不能表达规范违反情况，Agent 没有自主空间，如文献[133,134]，因而不能合理设置违约处罚来减少违约的事件发生，因此也就不能有效地调控 Agent 行为；不能在分支时序中处理违约逻辑悖论，如文献[35]。

◆ 在当前的研究中，虽然研究者实现了开发应用域 E 机构的结构化模型，但仅面向静态建立的电子组织，不能阐述 E 机构的动态模型，因而不能减少违约事件的发生或者使得违约事件的发生控制在可控的范围内，如文献[34—35]。Agent 社会的运行是多实例层的，例如同一个时间段里多个售票员与多个旅客的交互，而现有的 E 机构的定义是单实例层的，不能对多实例层的运行进行规范，因此当前 E 机构对行为规范的研究仅仅从单实例层研究协同行为规范，没有涉及不同实例层之间的协同行为的制约，因而不能通过规范的实施机制有效地减少或者避免不同实例层之间的违约。不能描述 E 机构的多实例层模型及其运行协议,因而不能全面地调控 Agent 的协同行为。并且在多实例层情况下,规范表达会遇到新的问题。例如,某一实例层中的规范的触发条件是否跟另一个实例层有关系,如果有关系,那么在规范定义时必须加以说明。

◆ 缺少研究规范约束的 Agent 可倍协同和降低 Agent 违约技术,因而供应链可靠性有问题。

◆ 缺少供应链上第三方推荐信任的检查机制。

1.2.3 解决办法

对于自治计算存在的第一个缺陷,可以设计 Agent 模型接受 E 机构的社交结构约束,使得只要遵从这些标准,相互陌生的异构 Agents(实现细节透明)就能够动态、自主地按需开展协同活动。例如,Agent 的设计都遵循 EBXML 的二方协同以及分布式业务结构。

对于自治计算存在的第二个缺陷,可以设计基于规范的服务匹配算法,使得算法在进行服务匹配时考虑可能存在的规范冲突。也可以综合处方和服务合成产生多个问题解决方案,用共享的合同履行历史记录 H 计算协作 Agent 方案信任度,选择信任度最大的方案,从而可以极大限度地减少出现合同异常和服务协同失控。

对于第二个问题,也就是 VO 的自组织与自演化协同中合同违约频率问题,可以通过有能力减少违约的 Agent 模型去支持 VO 的自组织与自演化以减少 VO 的自组织与自演化协作中合同违约事件的发生,以提高可信度。

对于第三个问题,可以考虑全面系统地考虑了规范的实施机制,包括规范执行前的实施(包括基于规范的服务匹配机制和协作前的基于合同信任的方案选择机制)、规范执行时的实施(规范的内化和策略驱动的 Agent 自主管理),规范执行后的实施(违约制裁与系统演化)。所以本书的规范实施机制既要考虑规范执行前尽量避免出现规范违反的可能性,在规范执行的过程中要设置有效的机制发现存在的规范被违反的情况,规范执行后对已经被发现的规范违反行为进行必要的制裁,或者对规范的遵循进行必要的奖励。

对于第四个问题,即是规范表达没有语义或没有时序规范,而且更严重的是不能表达软性约束规范,可以由下面方法解决:用标记分支时序逻辑(LABEL-CTL*)描述软约束的规范,使得对规范的描述有最强的表达力,同时通过合理设置软约束规范的异常状态下 Agent 应该承担的义务,有效地减少规范违反的发生,同时保证了 Agent 有充分的自主性;用可能分支路径表达道义和违反语义,强调了规范对行为约束的时序性;考虑规范的理想状态和异常状态,用标记分支时序逻辑描述违约逻辑悖论处理方法,用标记分支时序逻辑去解决违约逻辑悖论问题。

对于 E 机构研究存在的问题,可以全方位设计应用域本体,多层次地设计 E 机构结构,使得 E 机构制定的协同行为规范涉及对不同实例层之间的协同行为的制约,因而可以通过规范实施机制减少不同实例层之间的协同违规行为的发生。可以设计 E 机构动态模型,按要求动态地调控 Agent 协同行为,使得 Agent 的协同行为更好地得到调控,从而可以减少违约事件的发生或者使得违约事件的发生控制在可控的范围内,可以在 E 机构中设计多实例层的运行协议,使得多 Agent 系统只要按照 E 机构的运行协议运行,就可以很好地展开协作活动并达到系统的目标。对于在多实例层情况下规范遇到的新问题,可以设置在某一实例层中的规范的触发条件跟另一个实例层有关系或者无关系,以克服传统规范的触发条件的定义只与本实例层有关的缺点。

同时,研究供应链上第三方推荐信任的检查机制,解决供应链上第三方推荐信任的可信度的问题,把以上技术应用到供应链当中,提高供应链的可靠性,减少供应链违约。

1.3
本书主要研究内容

通过以上的分析,本书通过系统化制定社交结构标准和配套的协同行为规范来约束和调控 Agent 个体的协同行为及其演化,并全方位设计应用域本体,多层次地设计 E 机构结构,形成混合的 E 机构模型,以便全方位调控 Agent 个体的协同行为。同时考虑变化的环境,通过设计 E 机构动态模型,按要求动态地调控 Agent 协同行为,使得 Agent 的协同行为能适应要求更好地得到调控。为了使得多 Agent 系统的运行更加规范,在 E 机构中设计多实例层的运行协议,使得多 Agent 系统能够按照 E 机构的运行模型运行。E 机构的新模型和新机制可以有效减少违约,提高可信度。

设计 Agent 模型接受 E 机构的社交结构约束,使得相互陌生的异构 Agents(实现细节透明)就能够动态、自主地按需开展协同活动。同时设计 Agent 模型,将 E 机构知识内化到 Agent 心里,使得 Agent 对 E 机构调控具有前摄性和反应性。同时设计基于规范的服务匹配算法,使得算法在进行服务匹配时考虑可能存在的规范冲突。同时综合处方和服务合成产生多个问题解决方案,用共享的合同履行历史记录 H 计算协作 Agent 方案信任度,选择信任度最大的方案,从而极大限度地减少出现合同异常和服务协同失控。Agent 的新模型和新机制可以极大限度地减少违约,提高可信度。

本书的规范的实施方式包括规范执行前的实施方式和规范执行后的实施方式,也就是在规范执行前尽量避免可能的违约行为,尽量避免可能出现规范冲突,规范执行后对出现违规行为进行制裁,同时演化系统,并尽量实现系统的目标。因此,比较系统地考虑了规范的实施。

为了减少合同违约,本书的研究内容还包括了通过 $DRQS_{HCT}$ Agent 模型支撑的 VO 自组织和 VO 演化机制 $DRQS_{HCT}^{ENV}$。

为了减少供应链违约,研究供应链上第三方推荐信任的检查机制,并把以上技术应用到供应链当中,减少供应链违约。

而且为了实现虚拟组织资源共享和合成的各种功能,需要一系列理论和技术的支持,包括面向服务的体系结构、Web 服务和网格服务技术、服务合成技术等,这些技术为异构、分布的环境中资源的发现、绑定和调用提供了有效的模式与技术支持,使得建立在异构的软、硬件平台上的各种应用程序(服务)可以进行相互的发现、绑定和调用。

因此,本书的主要贡献包括以下五个方面:

第一,全面系统建立 E 机构模型,以便调控 Agent 的协同行为及其演化,以减少违约,提高可信度;

第二,全面系统地建立规范的实施机制,使得系统尽量地避免出现规范违反的情况;

第三,设计 Agent 模型,把 E 机构知识内化到 Agent 心里,使得 Agent 对 E 机构调控具有前摄性和反应性。设计 Agent 模型,使它综合处理和服务合成产生多个问题解决方案,用共享的合同履行历史记录 H 计算协作 Agent 方案信任度,选择信任度最大的方案,从而极大限度地减少出现合同异常和服务协同失控。

第四,通过 $DRQS_{HCT}$ Agent 模型支撑 VO 自组织和 VO 演化机制 $DRQS_{HCT}^{ENV}$,以减少违约,提高可信度;

第五,在直接交易数据不够时通过可变显著水平的贝叶斯假设检验检查第三方推荐信任可信度的规范约束框架,同时提出揭露虚假交易骗取信任的框架。

全书章节结构可以用图 1.4 表示。

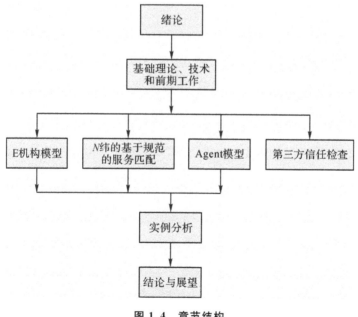

图 1.4　章节结构

第 2 章　基础理论、技术和前期工作

2.1　基本模态逻辑

2.2　动态逻辑

2.3　三纬三层的系统构架

2.4　虚拟社区层

2.5　可信 VO

2.6　理性 Agent 层

2.7　前期工作的缺陷

2.8　本章小结

根据上一章的分析,"面向自治计算的可信的多 Agent 服务协同研究"建立在目前已有的理论、技术和我们的前期工作基础之上。这些理论和技术包括:面向服务的体系结构、Agent 技术、基于规范的管理和基于策略的管理、概率与统计学理论、E 机构技术、模态逻辑、道义逻辑、线性时序逻辑、分支时序逻辑和动态逻辑等。我们的前期工作包括三纬三层的面向服务的系统构架和规范实施。

在理论和技术方面,面向服务的体系结构(SOA)及其实现技术是现行开放、动态网络环境下进行资源共享和协同问题求解的有效模式和基础技术。本书采用面向服务的体系结构为系统基本框架,在其上建立高性能虚拟组织。Agent技术是实现自治计算技术的理想候选,也是构建虚拟组织、封装服务的基本元素,是解决 SOA 管理复杂性问题的理想方法,Agent 技术的引入使得在开放动态网络环境下,VO(虚拟组织)的运行摆脱了管理复杂性的束缚。规范可以良好表达宏观调控个体行为的约束规范,解决"可信"危机问题;基于策略的管理可以用来构建自治计算平台,解决系统管理复杂性问题。这两种技术的引入和结合为建立高性能 VO 奠定了坚实的基础。E 机构制定的社交结构标准和配套的协同行为规范可以很好地解决异构 Agents(实现细节透明)动态、自主地按需开展协同活动的规范问题。概率与统计学理论能够很好地解决 Agent 信任的计算问题,帮助自治体找到最佳的解决问题方案,减少合同的异常,从而可以可靠地完成系统的全局目标。

本章着重阐述模态逻辑、道义逻辑、线性时序逻辑、分支时序逻辑和动态逻辑等理论与技术,阐述它们的基本概念和原理,并分别给出分析和总结。

在前期工作方面,阐述三纬三层的系统构架,该构架使系统能够在动态、可变、异构环境实现可信的资源共享和服务协同的自主管理。该系统构架是开放性的,比如 E 机构模型可以采用不同的技术实现,从而得到不同的宏观调控模型。

为了便于异构资源的交互和异构环境中 Agent 之间的语义互操作,前期工作在虚拟社区层论述面向服务的方法和基于本体论的语义清晰化描述;为了便于 VO 自组织,讨论了 VO 自组织的框架模型。为了实施规范,讨论了规范实施的大致方式,在微观上,使得 Agent 接收规范调控,在处置上,使得促进 Agent可以辅助、检测和制约业务操作型 Agents 服务协同行为。

本章的规范实施是全书规范实施的一部分。在处置上,本章的规范实施又称作促进 VO 方式,即是促进角色通过组建 VO 来实施规范。在微观上,本章的规范实施通过策略驱动的 Agent 的自主管理机制来实现,从而使得 Agent 接收规范调控。后续章节将继续讨论规范实施的其他方式,旨在对规范实施进行全面的阐释。

根据章节的安排需要,E 机构其他模型和基于信任的方案选择机制的 Agent 模型不放在本章论述,而是分别放在后续章节来讲。本章只论述了前期对 E 机构的研究和策略驱动的 Agent 模型。

本章重要内容有以下几个方面:

(1)模态逻辑;

(2)道义逻辑;

(3)线性时序逻辑;

(4)分支时序逻辑;

(5)动态逻辑;

(6)三纬三层的系统构架;

(7)面向服务的方法和基于本体论的语义清晰化描述;

(8)VO 自组织模型(应用 VO);

(9)辅助、检测和制约业务操作型 Agents 服务协同行为的规范实施(促进 VO);

(10)策略驱动的 Agent 自主管理机制。

下面依次介绍上述各种技术的基本概念、原理以及前期工作,并分别给出分析和总结。

2.1 基本模态逻辑

美国逻辑学家 Lewis 在研究实质蕴含悖论时对罗太逻辑进行了探讨,在专著《A Survey of Symbolic Logic》和《Symbolic Logic》[88,89] 中介绍了 S1—S5 五个模态命题演算系统,正式将模态逻辑(Modal Logic)引入数理逻辑中。

2.1.1 模态算子

模态逻辑,是处理用模态如"可能""或许""可以""一定""必然"等限定的句子的逻辑。该逻辑的特征是复杂公式的真值不能由子公式的真值来决定,而是通过引进模态算子表示语义的"内涵性"。最经典的正规模态逻辑本质上是经典命题逻辑的扩充,向命题逻辑的"合式公式"增加了必然性和偶然性两个模态算子:"◇"(可能)和"□"(必然)。其中"必然的 P"使用"方块"(□P)表示,而"可能的 p"使用棱形(◇p)表示,它们的含义依赖于特定的模态逻辑,但它们是相互定义的方式定义的:

$$□P = → ◇ → P \quad 即:□P(必然的 P)等价于 → ◇ → P(非可能的非 P)$$

$$◇p = → □ → p \quad 即:◇p(可能的 p)等价于 → □ → p(非必然的非 p)$$

因此,◇ 和 □ 叫作对偶算子。

2.1.1.1 语法和语义

要建立有意识概念的逻辑形式体系需要解决语法和语义两个方面的问题,即公式化的语言和语义模型[90]。语法问题的基本方法有使用模态语言和元语言;而语义的问题也有两个基本方法,可能世界语义和句子模型,其中可能世界语义是有名的并可能最广泛使用的方法,通过用所谓的可能世界集来刻画 A-gent 的信念、知识、目标等特征,这些可能世界之间存在可达关系[91,93]。基本的模态逻辑公式定义为如下的 BNF 范式[94]:

$$Φ = ⊥ | p | (→Φ) | Φ ∧ Φ | Φ ∨ Φ | Φ → Φ | Φ ↔ Φ | (□Φ) | (◇Φ) \qquad 公式(2.1)$$

其中,p 是任意原子公式,各算子的优先顺序为(→,□,◇),(∧,∨),(→,↔)递减,举例来说,模态逻辑公式 □◇q ∧ → r → □p 可以表示为如图 2.1 的语法树:

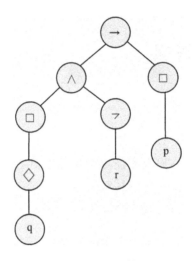

图 2.1　语法树

可能世界模型最初是由 Hintikka[93] 提出的，使用可能世界集来刻画 Agent 的信念特征，在给定已知的信息下，每个世界表示一个认为可能的事件的状态，用术语认知的选择来描述给定信念的可能世界，将 Agent 所有认知的选择中为真的陈述称为 Agent 相信的。目前最通常的是使用 Kripke 研究的技术以正规模态逻辑的公式表示认知逻辑，Kripke 模型可以定义为如下三元组[92]：

M＝(W,R,L)

其中，W 是非空的世界集，其中的元素被称为世界：R⊆W×W，是世界集的二元关系，用以说明世界可能与其他世界有关；L：W→POW(ATOMS)是赋值函数，表明每个世界 w∈W，在 w 中的原子命题为真。

2.1.1.2　分析与总结

模态逻辑是其他计算机科学中逻辑的基础，其他逻辑都是通过模态逻辑的延伸发展而来。

2.1.2　道义逻辑

道义逻辑（Dcontic Logic）是一种非标准的模态逻辑，研究"应当"、"可以"或"必须"、"禁止"这样一些道义概念的逻辑性质，是一种与伦理学及道德哲学有密切关系的模态逻辑。由于规范的基本语义也是表示"必须""允许""禁止"等义务和禁忌方面的要求，所以许多学者都认为应用道义逻辑作为规范表示的基础。对道义逻辑进行系统和深入研究开始于 20 世纪 20 年代，Mally 最先应用数理逻辑的方法研究道义逻辑,并构造了一个道义逻辑公理系统[95]。Wright[96]提出了一个简单的道义逻辑系统,并设计了判定道义逻辑永真式的方法,之后又构造了相应的道义命题演算,该演算用～、&、∨、→作为连接词,分别解释为否定、合取、析取、实质蕴涵,算子□赋予含义"应当"O(有义务),算子◇赋予含义"允许"P。应用这些符号就可以构造出这个演算的合式公式,如 OA,O～A,OA→OB,O(A&B)∨A。在任何包含 Wright 提出的系统为子系统的道义逻辑中,都能推出以下定理:

①OA～O(A∨B)。即如果应当 A,则应当(A 或 B)。

②PA→P(A∨B)。即如果许可 A,则许可(A 或 B)。

③O～A→O(A→B)。

由于这些定理都是违反人们对应当和许可这些道义概念的理解,因此不少逻辑学家对道义逻辑产生了浓厚的兴趣,陆续构造了许多道义逻辑的系统,并引入了另一个重要的算子"禁忌"F[97,98]。Thomason 等人[99]则把道义逻辑和时态逻辑结合起来,和 Ersonl[100]试图把道义逻辑化归为标准的模态逻辑而提出化归模式,Kange 等人[101]则从语义方面研究了道义逻辑,并提出了道义逻辑的模型理论。

2.1.2.1 分析与总结

道义逻辑是分析规范多 Agent 系统的基础逻辑,规范的表达和语义一般都是通过道义逻辑来表述的。

2.1.3 时态逻辑

在模态逻辑中,通过引入时间因素,把模型 M=(W,R,L)中的 R 解释为时间序关系,就得到时态逻辑(TemporalLogic),也称为时序逻辑。这个概念是 Prior 在"Diodoran Modalities"一文中提出的[102],并被 Pnueli 引入计算机科学,计算机领域已开发的时态逻辑有 Manna 等的 PLTL,Chandy 等的 UNITY,LamProt 的 TLA,Emersom 和 Clarke 的 CTL 等[103-106]。

令 M=(W,R,L)是一个标准模型,R 是一个自反且传递的关系。对于 α,β∈W,若 αRβ 成立,则称 β 为 α 的一个将来世界。并规定,若 αRβ 成立,且 α≠β,则 βRα 不成立。可能世界 α 的所有将来世界的集合称为 α 的将来,并令:

$\models_\alpha\Diamond p$, iff 存在 α 的将来世界 β,满足$\models_\beta p$;

$\models_\alpha\Box p$, iff 存在 α 所有将来世界 β,满足$\models_\beta p$;

把◇称为"将会"(Sometime)算子,用于描述某类事物最终具有的性质,例如,"玩火(x)◇自焚(x)"表示"玩火者,必自焚";把□称为永远(Always)算子,用于描述某类事物不变的性质,例如:"□升起(太阳,东方)"表示"太阳从东方升起"。根据时态逻辑的定义,由于时序关系不可逆转,因此时态逻辑系统不具备欧几里得性质,但是在分析和证明一个计算机程序语义时很有用。为了满足现实的需要,在有些情况下只有两个算子是不够的,通常会引入新的算子,例如,"下个状态(Next)算子"O,"直到(Until)"算子 U 等。在时序逻辑中,最主要的是线性时态逻辑(Linear-timeTemporal Logic,LTL)和分支时态逻辑(Computation Tree Logic,CTL)两大分支。

2.1.3.1 线性时态逻辑

线性时态逻辑 LTL 是一种有指示未来的连接词的时态逻辑[107]。它将时间建模成状态的序列,无限延伸到未来,这个状态序列被称为计算路径或路径,表示为 $T: s_0, s_1, s_2, \cdots$。一般来说,未来是不确定的,因此我们考虑若干路径来代表不同的可能未来,而任一种都可能是实现的"实际"路径。用一个固定集合 AtomS 包含所有的原子公式(如 $p, q, r, \cdots$,或 pl, P. ,$\cdots$),则每个原子代表系统可能成立的原子事实。可见,原子描述的选择明显的依赖的正在处理的系统。线性时态逻辑 LTL 的语法用 BNF 范式的形式可表示为:

$$\Phi = \bot \mid p \mid (\neg \Phi) \mid \Phi \land \Phi \mid \Phi \lor \Phi \mid \Phi \to \Phi \mid X\Phi \mid (F\Phi) \mid (G\Phi) \mid \Phi U \Phi \mid \Phi W \Phi \mid \Phi R \Phi$$

其中,p 是取自某原子集 Atoms 的任意命题原子。连接词 X,F,认 U,R 和 W 称为时态连接词。X 表示下一个状态(Next),F 表示某个未来状态(Future),G 表示所有未来状态(Globally),U 表示直到(Until),R 表示释放(Release),W 表示弱一直到(Weak-Until)。定义线性时态逻辑 LTL 的语义模型为三元组 $M = (W, \to, L)$,其中,$S = \{s_0, s_1, s_2, \cdots\}$ 是非空状态集;$\to$ 是 S 上的迁移关系,使得每个 $s \in S$ 有某个 $s' \in S$,满足 $s' \to s$;L 是标记函数 $L: s \to POW(Atoms)$,表示对每个状态 s 有原子命题的集合 L(s)。

设模型 $M = (S, \to, L)$ 中的一条路径是 S 中状态的无限序列 $s_1, s_2, s_3, \cdots$,使得对每个 $i \geq 1$,有 $s_i \to s_{i+1}$,表示为 $\pi = s_1 \to s_2 \to \cdots$,则 π 是 LTL 公式需满足关系 $\models$,其语义定义如下:

$\pi \models \bot$;

$\pi \models p$ iff $p \in L(s_1)$;

$\pi \vDash \to \Phi$ iff $\pi \nvDash \Phi$;

$\pi \vDash \Phi_1 \wedge \Phi_2$ iff $\pi \vDash \Phi_1$ 和 $\pi \vDash \Phi_2$;

$\pi \vDash \Phi_1 \vee \Phi_2$ iff $\pi \vDash \Phi_1$ 或 $\pi \vDash \Phi_2$;

$\pi \vDash \Phi_1 \to \Phi_2$ iff 存在 $\pi \vDash \Phi_1$ 则 $\pi \vDash \Phi_2$;

$\pi \vDash X\Phi$ iff $\pi^2 \vDash \Phi$;

$\pi \vDash G\Phi$ iff $\forall i \geqslant 1, \pi^i \vDash \Phi$;

$\pi \vDash F\Phi$ iff $\exists i \geqslant 1, \pi^i \vDash \Phi$;

$\pi \vDash \Phi_1 U \Phi_2$ iff $\exists i \geqslant 1, (\pi^i \vDash \Phi_2) \wedge (\forall j = 1 \cdots i-1, 有 \pi^j \vDash \Phi_1)$;

$\pi \vDash \Phi_1 W \Phi_2$ iff $\exists i \geqslant 1, ((\pi^i \vDash \Phi_2) \wedge (\forall j = 1 \cdots i-1, 有 \pi^j \vDash \Phi_1)) \vee (\forall k \geqslant 1, 有 \pi^k \vDash \Phi_1)$;

$\pi \vDash \Phi_1 R \Phi_2$ iff $\exists i \geqslant 1, ((\pi^i \vDash \Phi_2) \wedge (\forall j = 1 \cdots i-1, 有 \pi^j \vDash \Phi_1)) \vee (\forall k \geqslant 1, 有 \pi^k \vDash \Phi_2)$;

如果对于状态 S 的所有路径 π，都有 $\pi \vDash \Phi$ 成立，则认为 $S \vDash \Phi$。

2.1.3.2 分支时序(计算树)逻辑

计算树逻辑 CTL，即分支时态逻辑，它的时间模型是一个树状结构[107]。它假定未来是不确定的，即未来有不同的路径，其中的任何一个都可能是现实的实际路径。该思想是针对线性时序逻辑不能很好地解决混合使用全称和存在路径量词的问题而提出，除了有 LTL 的时态算子 U、F、G、X，还明确地允许使用路径量词 A 和 E 来分别表示"对所有路径"和"存在一条路径"。用 BNF 范式归纳定义 CTL 公式为：

$$\Phi = \perp |p|(\to \Phi)| \Phi \wedge \Phi | \Phi \vee \Phi | \Phi \to \Phi |AX\Phi|(EX\Phi)|(AF\Phi)|(EF\Phi)|(AG\Phi)|(EG\Phi)|E[\Phi U\Phi]|A[\Phi U\Phi]$$

其中，p 是任意命题原子；每个 CTL 时态连接词都表示为一对符号(且必须表示为一对符号)，对中的第一个符号必须为 A 或 E，A 表示"沿所有路径"，E 表示"沿至少(存在)一条路径"，第二个符号为 X(下一个状态)、F(某个未来状态)、G(所有未来状态)、U(直到)。

2.1.3.3 分析与总结

时序逻辑可以有效地刻画多 Agent 系统的时序关系，特别是在表达规范的时序性方面有独特的作用。

时序逻辑可以看成是特殊的动态逻辑,它把动作抽象掉而只考虑时间;动态逻辑也可以看成是特殊的时序逻辑,它考虑的是一个时间步(一个动作时间)。

2.2.1 动态逻辑语法

设集合 P 是原子命题集,集合 A 是原子动作集合,则语言 L_{DL} 和 L_{ACT} 定义如下:

(1)$P \subseteq L_{DL}$;

(2)$A \subseteq L_{ACT}$;

(3)如果 $\Phi_1, \Phi_2 \in L_{DL}$,那么 $\neg\Phi, \Phi \wedge \Phi, \Phi \vee \Phi, \Phi \rightarrow \Phi, \Phi \leftrightarrow \Phi \in L_{DL}$;

(4)如果 $\alpha \in L_{ACT}, \Phi \in L_{DL}$,那么 $[\alpha]\Phi, \langle\alpha\rangle\Phi \in L_{DL}$;

(5)如果 $\Phi \in L_{DL}$,那么 $\Phi? \in L_{ACT}$;

(6)如果 $\alpha, \beta \in L_{ACT}$,那么 $\alpha;\beta, \alpha+\beta, \alpha*, \alpha \& \beta \in L_{ACT}$。

其中,;表示顺序执行动作,+选择执行动作,* 重复执行动作,& 并发执行动作,Φ? 测试 Φ 是否为真。

2.2.2 动态逻辑语义模型

动态逻辑的语义模型是 $M=(W, R, L)$,其中 W 是状态集合;L: W→POW(ATOMS)是赋值函数,表明每个世界 $w \in W$,在 w 中的原子命题为真;R: L_{ACT}→$2^{W \times W}$满足:

(1)$R(\Phi?)=\{\langle s,s \rangle | M, s \vDash \Phi\}$;

(2)$R(\alpha;\beta)=R(\alpha)°R(\beta)$,其中,°是关系复合;

(3)$R(\alpha+\beta)=R(\alpha) \bigcup R(\beta)$;

(4)$R(\alpha*)=R(\alpha)*$,其中 * 是自反、传递和闭包关系运算符。

2.2.3 动态逻辑语义

$M,s \models p$ iff $p \in L(s)$;

$M,s \models \neg \Phi$　iff　$M,s \models \Phi$;

$M,s \models \Phi_1 \wedge \Phi_2$　iff　$M,s \models \Phi_1$ 和 $M,s \models \Phi_2$;

$M,s \models \Phi_1 \vee \Phi_2$　iff　$M,s \models \Phi_1$ 或 $M,s \models \Phi_2$;

$M,s \models \Phi_1 \rightarrow \Phi_2$　iff　存在 $M,s \models \Phi_1$ 则 $M,s \models \Phi_2$;

$M,s \models [\alpha]\Phi$ iff $\forall s'$, 有 $R(\alpha)(s, s')$;

$M,s \models \langle\alpha\rangle\Phi$ iff $\exists s'$, 有 $R(\alpha)(s, s')$;

$(M, s_0, s_1, s_2, \cdots, s_n) \models [\alpha \& \beta]\varphi$ iff $(M, s_i, s_{i+1}, \cdots, s_m) \models [\alpha]\varphi_1$ 和 $(M, s_j, s_{j+1}, \cdots, s_k) \models [\beta]\varphi_2$ 其中 w_i or w_j 等于 w_0, 并且 w_j, w_{j+1}, $\cdots$, w_k 和 w_i, w_{i+1}, $\cdots$, w_m 是 w_0, w_1, w_2, $\cdots$, w_n 的子路经,并如果 $m = n$,那么 $\varphi_1 = \varphi$,如果 $k = n$,那么 $\varphi_2 = \varphi$。

2.2.4 分析与总结

动态逻辑是描述多 Agent 系统的重要逻辑,特别是在描述多 Agent 系统的状态转换、多 Agent 系统的规范形式表达与语义等方面发挥重要作用。

3 2.3
三纬三层的系统构架

本书的研究工作建立在课题组前期研究成果"规范调控和策略驱动的自治式服务协同模型 NGPD"的基础上[54]，该成果接受国家 863 计划和国家自然科学基金的资助。前期研究从三维：服务协同模型、协同行为规范和基础设施，分三个层次：虚拟社区、可信 VO 和理性 Agent，支持面向自治计算的可信的多 Agent 服务协同系统构架，如图 2.2 所示。

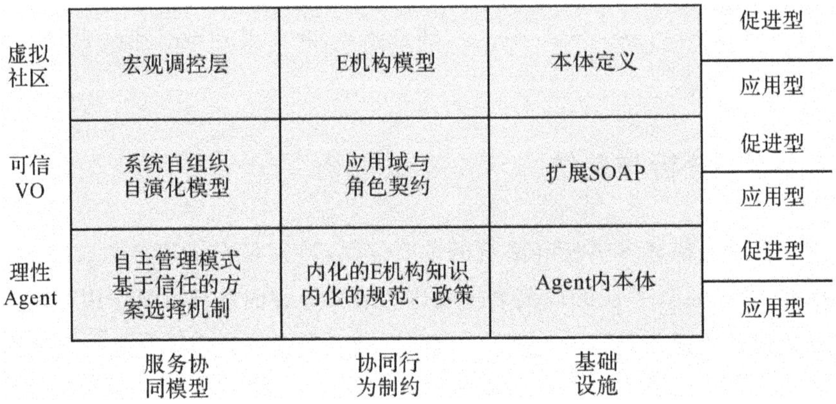

虚拟社区	宏观调控层	E机构模型	本体定义	促进型
				应用型
可信VO	系统自组织自演化模型	应用域与角色契约	扩展SOAP	促进型
				应用型
理性Agent	自主管理模式基于信任的方案选择机制	内化的E机构知识内化的规范、政策	Agent内本体	促进型
				应用型
	服务协同模型	协同行为制约	基础设施	

图 2.2 系统构架

2.4
虚拟社区层

虚拟社区层位于构架的顶层,其容纳各种应用域 E 机构,作为约束业务操作型 Agents(社区成员)协同行为的标准和规范,并依据面向社交促进的 E 机构,设置注册、中介、监视、仲裁等角色来管理和维持社区秩序。E 机构规定的社交结构和协同行为规范是 Agents 的社交行为的约束,正是这种约束使得 Agents 的行为及其后果能够预测和期盼。尽管可以按应用需求建立各种不同的社交结构,本书聚焦于动态建立基于服务供、需关系的有偿和互惠协作,去支持资源(服务)共享和协同问题求解。考虑到这种协作方式是人类社会最重要也是得到最广泛采用的方式,不失一般性,我们将面向这种协作关系的社交结构及其配套的行为规范作为 E 机构最基本的模型。

虚拟社区层可以建模为以下元组:

$$VC = \langle Ontology, I_1, \cdots, I_n, I_F \rangle,$$

其中,Ontology 是本体,规定 E 机构内个元素的定义、关系和属性;$I_1, \cdots, I_n$ 是各种应用域 E 机构,I_F 是社交促进 E 机构。

2.4.1 本体

我们把本体论看作是一个领域概念、概念间关系、函数的集合。在智能系统中,通信各方为了共享、交换知识,首先需要一种形式化的方法来表达领域本体论。由 Thomas R. Gruber 等人制定的 KIF 以及 Ontolingua 为领域知识的描述提供了有效的手段,但它们对领域对象(或实体)的描述过于烦琐,使用不很方便,另外,由著名人工智能学者 Ronald J. Brachman 等人制定的 KL-ONE(一种面向认识论的表示语言)是早期比较好的一种知识表示系统。我们在综合 KIF、KL-ONE 和 Express(一种 STEP 工程数据交换语言)之长的基础上,设计了一种简明、表述力强的表示自定义的本体论表示语言。其提供灵活、方便和精确地描述结构化概念的手段,作为定义领域世界本体论和信息模型的有效工具。它通过采用概念—关系—属性和约束规则的形式表示领域本体论,通过定义应用域的概念化描述,包括概念(对象类)、关系、属性和约束规则,并支持应用域术语(概念、关系、特性名)集和术语分类体系的建立,以支持 Agent 服务、Agent 模型和互操作协议的描述。它由三个部分组成:概念的表示、概念的分类体系和概念属性的侧面定义。

2.4.1.1　概念的表示

概念的表示以 XML Schema 为基础,以描述实体对象类或关系类,通过概念名-属性集的形式(属性即槽)表示,其描述格式如下:

```
Concept〈概念名〉
    〈〈属性名〉:{ type〈类型〉| ref [〈本体论别名〉] }
            [mode〈方式〉] [val〈属性缺省值〉]; 〉*
End [〈概念名〉]
〈类型〉::= [ * ] 〈〈原子类型〉|〈概念名〉〉
〈方式〉::= necessary | typical | derive,
〈原子类型〉::=string | float | int | decimal |〈自定义的简单数据类型名〉
自定义的简单数据类型有如下形式:
〈Type〈类型名〉
    base_type〈string | int | flout〉,
    restriction {enumeration (〈〈值〉}+) |
            range{{ '[ |(}〈上界〉〈下界〉{} | ']}}+ }} *
```

图 2.3　概念的表示格式

其中,通过指定概念的类型为另一个概念〈概念名〉来建立概念之间的关联;ref 指示将与〈属性名〉同名的外部概念或公用的简单属性作为属性定义;necessary 方式意指槽值不能缺少,未指定 mode 的情况下方式默认为 typical,即槽值可以缺省;符号 * 指示列表,对应于 XML Schema 定义中的可出现多次的 element。若〈概念名〉或〈自定义的简单数据类型名〉定义在别名非空的本体论中,应将"〈别名〉:"作为概念名或自定义的简单数据类型名的前缀。

自定义的简单数据类型对应于 XML Schema 中的 simpleType 定义。

Property 用于定义公用的简单属性(〈type 内容〉不能是〈概念名〉)有如下形式:

〈Property〈属性名〉:{type〈类型〉|ref[〈本体论别名〉]}

[mode〈方式〉][val〈属性缺省值〉];}*

Property 对应于 XML Schema 中的顶层 element 定义:

〈xsd:element name="〈属性名〉" type="〈原子类型〉"/〉

概念的属性和独立定义的属性前可带前缀"－",指示定义的是附加属性,对应于 XML Schema 定义中的 attribute 定义,其值只能有原子类型;无此前缀的对应于 element 定义。带前缀"－"的属性不出现于概念实例模式中。实际上,带前缀"－"的属性仅用于对概念作附加说明。

概念定义例:

```
Concept Person
    －Name:  type string;
    Sex:  type string;
    Age:  type int;
    Work:  type * work;
    Address:  ref;  //当前本体论别名为空
End Person
Concept Address
    …         //假设 Address 定义于另一个本体论 eo
End Address
```

2.4.1.2 概念的分类体系

概念(类)的分类层次体系的描述格式如下,它可以通过概念的两类特性槽加以说明。

```
ConceptTaxonomy〈概念分类体系名〉OntologyAlias〈领域概念本体论别名〉
    {Concept〈概念名〉[OntologyAlias〈领域概念本体论别名〉]
        [Super:{〈超类名〉}*];
        [Constraint:{〈条件表达式〉}];
        [SynonymousTerm:{〈同义概念名〉}*];
    End[〈概念名〉]}*
End[概念分类体系名]
```

图 2.4　概念的分类体系描述格式

Super 通过指出 Subclass 和 Superclass 关系来明确地表示类(概念)之间的包含(Subsumption)关系,可视为表示了 inclusion axiom。

Constraint 通过指出类(概念)成员应遵从的特性约束来隐含地支持类之间包含关系的确定,可视为表示了 equality axiom 或 inclusion axiom。包含关系的确定有助于相容匹配的实现。

概念的 Super 槽用于建立概念间的包含关系(通过单一超类)和对于概念的

复合定义（通过多个超类），进而支持概念分类体系的建立；Constraint 槽主要用于定义通过当前概念自身的槽定义难以表示的约束，具有条件表达式形式，它表示为概念实例模式、关系表达式、真值操作调用式的逻辑组合。概念实例模式就是概念的一个实例的集合，当概念实例模式中的取值都为常量时，即为该概念的一个实例。

概念的 Constraint 槽，以当前概念的"概念实例模式"来表示对当前概念某些槽值的特别约束；以 Super 槽中出现的概念的"概念实例模式"指示对于特性继承时的特别约束。例如，可以建立概念"父亲"，其父类概念"人"有槽"性别"和"有孩子"；可在概念"父亲"的 Constraint 槽中建立概念实例模式（@Human 性别："男" 有孩子："有"）；从而定义了父亲是有孩子的男人这一概念。概念实例模式的槽值可以是变量，并通过关系表达式或真值操作（函数）调用式对变量的取值作限制。变量的取值可以是另一个概念实例模式（若相应的槽值定义为概念）。例如，概念"人"有槽"孩子"，并定义为 list-of Children（Children 有槽"性别"），可以建立概念实例模式（@∀Children 性别："男"），指示所有孩子都为男性的父亲；将 ∀ 换成 ∃，则表示至少有一个孩子为男性的父亲。鉴于概念定义本身可以在槽定义中对其各槽的取值加以约束，Constraint 槽主要用于对当前概念从超类继承来的属性和作为概念实例模式变量值的概念的槽值加以约束。如此，Constraint 槽可用以实现描述逻辑中 ∃R. C（二元关系 R（x，y）至少有一个实例 x 的 y（属性值）满足条件 C）的表示，以及 ∀R. C 的表示。从这个意义上说，我们的概念定义基本上包含了描述逻辑的表示能力。

2.4.1.3　概念属性的侧面定义

为进一步描述概念的属性，采用概念属性的侧面定义作为对概念属性的附加定义，收集于属性－侧面（Property-Aspects）描述集中。可以定义多个描述集，每个描述集对应一个领域概念本体论。图 2.5 给出概念属性的侧面定义的描述格式。

其中，没有指示概念名的属性，意味着属性的定义独立于概念，概述性在整个领域概念本体论中是公用的；Number 侧面作为槽值的概念实例的出现个数的约束定义，其比较符默认为"＝"；Derive 侧面的值为操作调用式、规则或规则组名，操作、规则或规则组就以该类的当前实例作为参数（以前缀！的槽名指示）；Inverse 侧面指示关系的反向关系名，如槽名为 father 的反向关系为 son，son 槽定义同一概念或另一概念；Superslot 侧面指示属性（二元关系）层次体系中的上层。属性名缺省情况下默认 Slot 为超级属性,多个超级属性名间隐含合取(和)逻辑关系。单一超级属性名指示 subsumption,多个超级属性名指示通过合取定义该二元关系。另外,通过 superslot 侧面可以建立槽(二元关系)之间的包含关系(通过单一超级槽名)和对于槽的复合定义(通过多个超级槽名),进而支持槽层次体系的建立。

```
PropertyAspects〈描述集名〉OntologyAlias〈领域概念本体论别名〉
    {〈Property〈属性名〉[Concept〈概念名〉]
        {〈侧面名〉:〈侧面内容〉;}*
        [SynonymousTerm:{〈同义属性名〉}*];
    End [〈属性名〉]}*
End [〈描述集名〉]
〈侧面名〉::= Number | Derive | Unit | Inverse | Superslot
〈Number 侧面内容〉::= [ 〉| = |〈 | 〉= |〈= | /= ]〈正整数〉
〈Derive 侧面内容〉::= oper-call〈操作调用式〉| rule〈规则〉| rulegroup〈规则
组名〉
〈Unit 侧面内容〉::=〈量度单位名称〉
〈Inverse 侧面内容〉::=〈该槽所指示关系的反向关系名〉
〈Superslot 侧面内容〉::= {〈超级属性名〉}*
```

图 2.5　概念属性的侧面定义的描述格式

为解决因本体论差异而引起的问题,使同一应用域中的不同本体论具有可比性,理想的方式是给应用域建立统一的本体论。然而,考虑到应用域的复杂性和人们世界观的不同,给应用域建立统一的本体论不切实际。一个折中而又可行的方式是建立统一的术语集和术语分类体系,作为应用域共享的基础本体论;最易引起争议的结构化概念定义则设置于专用本体论。应用域本体论 O_a 定义为由两个部分组成:

$$O_a = O_{ab} \bigcup (O_{as1} \vee O_{as2} \cdots \vee O_{asn})$$

O_{ab} 为应用域共享的基础本体论,其依赖于应用域存在的广泛共识和流行规范,建立统一的术语集和术语分类体系;O_{asi} 为应用域第 i 个专用本体论,每个专用本体论均可包括非共享的、甚至引起争议的结构化概念定义,但定义时引用的术语都来自 O_{ab}。

如此,不同应用域 E 机构描述服务时供、需方参照的专用本体论可以不同,但只要定义时引用的术语来自同一基础本体论,就可通过术语间的语义相容性检测去支持服务的相容匹配。

应用域本体论的描述包括领域概念集和领域说明两个部分。前者包括概念、属性和数据类型的定义,构成应用域描述本体论的主要部分;后者包括概念分类体系和属性－侧面描述集两种说明,视为应用域描述本体论的附加部分。

2.4.1.4 推理及约束规则的表示

为了表述的完整性,将上面有关规则和条件表达式的定义抽取出来集中表示,包括条件表达式、规则和规则组的表示三个部分。

2.4.1.4.1 条件表达式

条件表达式表示为概念实例模式、关系表达式、真值操作调用式的逻辑组合,格式如下(图 2.6):

〈条件表达式〉::=｛〈概念实例模式〉|〈真值操作调用式〉|〈关系表达式〉〈not
表达式〉|〈or 表达式〉｝*
〈or 表达式〉::=｛〈概念实例模式〉|〈真值操作调用式〉|〈关系表达式〉〈not 表
达式〉｝*
〈not 表达式〉::=｛〈概念实例模式〉|〈真值操作调用式〉|〈关系表达式〉｝*
〈真值操作调用式〉::=〈操作调用式〉
〈操作调用式〉::=（$〈服务名〉.〈操作名〉｛〈参数值〉｝*）
〈概念实例模式〉::=（@〈概念名〉｛〈槽名〉:〈槽值〉｝*）
〈关系表达式〉::=（$〈关系名〉〈参数值〉〈参数值〉）
〈关系名〉::=｛〉| = |〈| >= |〈= | /= ｝
〈参数值〉::=［?]〈字符串〉(前缀? 指示概念实例模式中出现的变量)

图 2.6 条件表达式

2.4.1.4.2 规则

规则区分为演绎式和产生式二类。二者均由左、右两个部分组成,左部是同样的条件部分,右部却不同。演绎式规则的右部只能是谓词公式(作为推理结论),产生式规则的右部则可以是任意操作(包括写结论到综合数据库)。演绎式规则可以正、逆向使用,产生式规则却只能正向使用。本系统中,谓词公式只能为概念实例模式。规则的表示格式如下(图 2.7):

〈规则〉::=（〈左部〉〈右部〉）
〈左部〉::=〈条件表达式〉
〈右部〉::=｛〈操作调用式〉|〈概念实例模式〉｝*

图 2.7 规则表达

产生式规则和演绎式规则的正向使用中,右边出现的概念实例模式隐含写结论到黑板(由当前 Agent 指定的公共信息区)。演绎式规则的逆向使用中,右边出现的概念实例模式为要证实的结论,规则左边出现的概念实例模式(以及附加的关系表达式和真值操作调用式)为结论成立的依据;往往需链式的逆向推理,并将变量在推理中获取的约束值传送回要证实的结论。

2.4.1.4.3 规则组

规则组需要指出规则组名、推理方式(mode:F|B|P,分别指示正向演绎推理、逆向演绎推理、产生式推理)、规则选用策略(select:first|all),包括选用第一个激活或所有激活规则的策略、是否循环使用(loop)、规则组激活条件(fire-Pattern)、规则列表(ruleList)、规则组优先级(priority)。规则组的表示格式如图 2.8:

```
ruleGroup〈规则组名〉
       mode:                  f | b | p;
       select:                first | all;
       loop:                  y | n;
       firePattern:           〈条件表达式〉;
       ruleList:              {〈规则〉}+;
       priority:              〈整数〉;
End[〈规则组名〉]
```

图 2.8　规则组表达

从前面的描述可知,本书自定义的本体论表示语言具有以下几个特点:

第一,能用以灵活、方便和精确地描述结构化概念,并支持分类体系(通过 Super 槽)、对象构成和语义网络(让槽侧面 Val 的值为另一概念)的定义。

第二,通过概念属性 Mode 的定义,严格区别概念实例槽值的三种提供方式:必须提供,可继承概念提供的缺省值,可由属性 Derive 侧面提供的计算公式或规则组推导;以消除传统特性继承方法因不区分提供方式而易引起的二义性。

第三,允许 Constraint 槽和指定槽的取值约束或限制及 Derive 侧面的定义,给传统上面向认识论的本体论增加了计算和推理能力,可显著促进本体论的可操作性。

2.4.1.4.4 Agent 服务

Agent 服务的整体描述分成两个部分,上部是有关服务的逻辑描述,由服务名、综合信息、参数列表、应用约束和操作列表组成,其中操作列表直接引用下部的 Web 服务描述,服务操作通过 Web 服务部件实现;下部是实现服务各类操作的 Web 服务,采用标准的 WSDL 语言描述。本多 Agent 系统中,Agent 的服务

匹配主要是针对服务的上部描述来进行的。整个服务采用本体论中定义的概念来描述,其描述格式如下(图2.9):

```
Service ⟨service-name⟩
    General-Information:[⟨Description⟩] [⟨Category-Contexts⟩]
    Parameter-List:{⟨type⟩⟨Parameter-name⟩} *
    App-Constraints:⟨Condition-expression⟩
    Operation-List:{⟨Operation-name⟩ ⟨Ref WSDL⟩} *
End [⟨service-name⟩]
```

图 2.9　Agent 服务描述格式

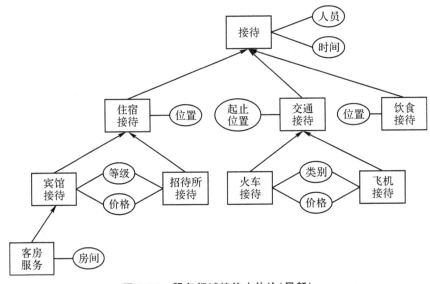

图 2.10　服务领域接待本体论(局部)

其中,综合信息包括对服务的自然语言描述,以及服务分类(范畴)上下文,这是对服务的领域进行的分类编码,确定服务的领域范围,有关服务领域分类编码的内容见文献[108]的介绍。参数列表是描述服务所具有的属性参数集,它可以是概念或概念的属性构成。应用约束是对参数列表中参数实例的约束,即服务的应用约束,通过条件表达式表示。操作列表是服务能够提供的操作,它可以由不同的构件实现,本系统中服务的操作都由 Web 服务实现,并由 WDSL 描述,这里给出 WSDL 描述文档的 URI。

服务应用约束与概念的约束槽类似,采用条件表达式表示,也是概念实例模式、关系表达式、真值操作调用式的逻辑组合。

其中,真值操作调用式就是函数调用式,它可以是系统函数也可以是别的

Agent 服务的操作;关系表达式表示 Agent 服务参数间的约束关系。下面依据图 2.10 的服务领域接待本体论图,给出一个 Agent 服务描述的示意例子,如图 2.11 所示。

```
Service Hotel-reception
    General_Information
        Description："宾馆接待服务"
        Domain_Classification："LY_D1326"
    Parameter-List
        STRING Hotel-reception. Location
        INT Hotel-reception. Room_numbers
        INT Hotel-reception. Hotel_Level
        C_Hotel_Room_Price p_Hotel_Room_Price
    App-Constraints
        (@Hotel-reception Location："Hangzhou" Room_numbers：500 Hotel_
        Level：4)
        (@C_Hotel_ Room_Price Rooms_Level：? r Initial_Unit_Price：? up1)
            (@? r(1) Room_Level："standard" Initial_Unit_Price：? up1)
            ($ <= ? up1 280)
            (@? r(2) Room_Level："luxury" Initial_Unit_Price：? up2)
            ($ <= ? up2 800)
    Operation-List
        Omit
End Hotel-reception
```

图 2.11   Agent 服务描述示意图

这个 Agent 服务的描述,给出一个能提供位置在杭州,有 500 间房的四星级宾馆的服务,其中,"standard(标准)"房间价格为 280 元,"luxury(豪华)"房间价格为 800 元。服务所提供的操作在这里省略。C_Hotel_ Room_Price 是另外一个概念,它作为 Agent 服务的一个参数来描述服务,其他的参数都为宾馆接待概念的属性。服务需求同样用这种格式描述。

2.4.2 E 机构

E 机构包括应用域 E 机构 I_1 ,…, I_n 和社交促进 E 机构 I_F。这儿仅仅对我们在应用域 E 机构和促进 E 机构的前期研究做介绍,下一章将深入阐述 E 机构模型。应用域 E 机构主要定义应用域角色、应用域提供的服务、规范等。而促进 E 机构主要定义促进角色、提供的促进服务、规范等。

2.4.2.1　通过 ebXML 构建 E 机构的原因

为了借鉴 SOC 和 SOA 研究的技术基础和成果，尤其是面向"Web 服务"的、旨在虚拟化在线业务服务的产业化技术，同时考虑到 ebXML 是由 UN/CEFACT(联合国/贸易促进和电子商务中心)和 OASIS(结构化信息标准发展组织)共同倡导、全球参与开发和使用的协同标准体系，并已得到广泛应用，我们采用它提供的陈述性 DBP 标准作为从实用化角度定义 E 机构社交结构的依据，使 E 机构具有坚实的实用化基础(包括 ebXML 对于协同安全的支持)。尽管该标准未显式使用"服务"概念，但作为建立多方协同业务过程的基本元素，每个"二方协同"等价于定义了 1 个服务以及供、需方都须遵从的协同标准。

因此，本章将用服务协同方式定义 E 机构，包括以业务服务作为应用域社交结构的基础元素，把 DBP 描述成面向这些服务的供、需协同的半序组合，按照在提供(或消费)1 到多个特定业务服务时扮演的处置角色来定义参与 DBP 的业务角色，并通过为业务角色和业务服务制定的协同行为规范，来约束和指导角色承担者(Agents)的服务协同行为。

显然，任何 Agents 都可通过承担某种业务角色来参与服务协同，而且只要遵守相应的协同行为规范，就可预测和控制它们的服务协同行为。从支持服务协同的角度，Agents 工作的目标就是提供和/或获取 E 机构指定的业务服务，并且使得自身的协同行为能够在遵守相应规范的同时，获取满足本地业务指令(高级业务目标)的优化效益。因此，只要将业务服务封装为 Agents 提供(或获取)的技能，并把这些工作目标和完成它们时应遵守的协同行为规范作为 Agent 行为管理策略的组成部分，就可应用策略驱动的 Agent 行为自主管理引擎来实现"宏观调控→微观行为"的映射机制，使得 Agents 能够让其社交行为接受行为规范和本地业务指令的宏观调控。

2.4.2.2　用 ebXML 构建 E 机构的结构

用 ebXML 构建的 E 机构(包括应用域 E 机构和社交促进 E 机构)由三个部分组成：业务伙伴角色集、二方协同集和业务处置集。

伙伴角色集指定 E 机构允许的协同参与者能够扮演的业务角色，以及每个业务角色应该承担的业务处置角色。伙伴角色的目标可以通过其承担的业务处置角色来指示，而整个 E 机构的目标则通过伙伴角色的目标来指示。可以先确定伙伴角色的抽象目标(其不直接表示于 E 机构的描述)，再建立和执行处置角色来达到这些抽象目标。处置角色的执行由相应的处置操作来实现,而分布业务过程描述中的 2 元协作则规定了处置操作的上下文。业务伙伴角色划分为两类:业务操作型(Operational)角色和社交促进型(Facilitating)角色。前者定义于应用域 E 机构,后者定义于社交促进 E 机构。每个业务伙伴角色的描述包括角色名、承担的业务处置角色、权利(许可)、义务(职责)、可能的协同参与状态转变。权利说明该角色有权请求(启动)的服务(以及服务下属的所有操作),义务说明在一旦被请求时有义务应答的服务(以及服务下属的所有操作)或在满足条件时有义务请求的服务。权利和义务可以面向由社交促进服务(定义于社交促进 E 机构)。协同参与状态由提供或消费的服务指示,所以状态转变由 From〈服务〉to〈服务〉来描述。定义如图 2.12。

BusinessPartnerRole <业务角色名>
    {Performs: {InitiatingRole | RespondingRole} = "<业务处置角色名>";}⁺ //列举
        //应承担的业务处置角色
    [Rights: {<角色协同行为规范>;}⁺]
    [Obligations: {<角色协同行为规范>;}⁺]
    [Transiton: {from BusinessState <2方协同名>to BusinessState <2方协同名>;}⁺]
    //<角色协同行为规范> := <NormCategory槽填充" RoleNorm"的Norm>

图 2.12　业务角色定义

二方协同(服务)只涉及 2 个业务处置角色,分别作为协同的启动方和应答方;二方协同的描述包括协同涉及的 2 个业务处置角色、展开协同需满足的外部状态条件、协同活动编排、签约处置、期望的终结状态、协同双方的义务、协同完成的截止期。对于底层二方协同,其完成取决于编排的协作活动的成功结束;而非底层二方协同编排的协作活动则不强加成功结束的语义。二方协同可以嵌套,非底层二方协同通过 2 到多个下层二方协同来实现;底层 bc 则描述了业务服务,并通过提供的 1 到多个业务处置(操作)来实现。下层二方协同或业务处置执行流程的编排形成协同活动的定义;非同父 2 元协同(服务)间的组合排序由业务伙伴角色对于协同参与状态转变的描述来指示。这些协同活动的定义和协同参与状态转变的描述联合构成 DBP(分布的业务过程)描述。多方协同就通过如此形成的二方协同半序集来定义。二方协同定义如图 2.13。

```
BinaryCollaboration <2方协同名>
    TransactionRoles: InitiatingRole＝<业务处置角色名>;
                      RespondingRole＝<业务处置角色名>;
    CollaborationActivities:      //协同活动及其编排
        {<Activity>|Fork {<Activity>}⁺Joint}⁺
        <Activity>:=(@Activity Type:{BinaryCollaboration|BusinessTransaction}
            Name:<activityName> Deadline:<deadline> preCondition:<condition>)
    [ContractingTransaction: <业务处置名>]
    [Obligations: {<二元协同行为规范>;}⁺]
    [Constraints: (@CollaborationConstraits preCondition:<rrl:condition>
            postCondition:<condition> timeToPerform:< ebXML时间表示方式>
            transactionMode:{OnLineInstant|OnlineNonInstant|OffLine});]
    //<二元协同行为规范>:= <NormCategory槽填充"ColaborationNorm"的Norm>
```

图 2.13 二方协同定义

图 2.13 中,活动 Activity 按列举次序顺序执行,但 Fork 和 Joint 间的多个活动并发执行。对于活动中下层 BinaryCollaboration,deadline 对应于该 BinaryCollaboration 的 ebXML 定义中的 timetoperform 属性,对于下层 BusinessTransaction,deadline 对应于 BusinessTransactionActivity 定义中的 timetoperform 属性。ContractingTransaction 指示用于签约的业务处置,该处置的输入参数用于签约,也作为协作伙伴的适用性检查和协商时的约束参数。rrl 指示条件表达式的定义本体,ebXML 时间表示方式例:P2D(截止期为 2 天);preCondition 指示开展二方协同需满足的外部状态条件,postCondition 指示二方协同期望的终结状态(典型的表示为"(@DONE〈二方协同名〉)");transactionMode 指示服务(底层二方协同)允许的处置方式,服务处置方式可以有 OnLineInstant、OnlineNonInstant、OffLine。

ebXML CollaborationActivity 定义中未提供对应 deadline 的属性"timeToPerform",可借用"BinaryCollaboration"定义中的"timeToPerform"。

尽管 ebXML "BinaryCollaboration"和"BusinessTransaction"的定义自身提供了 postCondition 和 preCondition,但其主要用于指示,若此条件不成立,意味着相应的活动执行失败。而"CollaborationActivities(协同活动及其编排)"中,关于单个活动或活动集(以 Fork 指示的多个并发活动)的条件可以理解为是否需要执行这些活动。为表示这种语义的条件,方法如下:在元素 CollaborationActivity 和 BusinessTransactionActivity 中增加属性"preCondition",在 fork 元素中增加属性"preCondition"。数据类型"rrl:condition"表示中前缀"rrl"指示条件定义所在的文件。Fork 用于指示并发执行的活动,各分支分别以一个 Doc-umentation 指示对应的并发活动。对于顺序执行的活动集(以 sequence 指示),可以用嵌套的二元协作来表示,即将顺序执行的多个活动组合进一个二元协作(用于指示相应的组合活动)。例如,(a b [c(d e f)(g h)] i)指示 4 个元素 a、b、[c (d e f) (g h)]、i 应顺序执行,方括弧指示其内的 3 个元素 c、(d e f)、(g h)应并发执行,但 d、e、f 顺序执行,g、h 也顺序执行。可建下层二元协作 def 指示活动 d、e、f 的组合(用于实现组合活动),二元协作 gh 指示活动 g、h 的组合。于是上层二元协作改写成(a b c def gh i),即 6 个活动顺序排列,并以一个 Fork 指示 [c def gh],即 c、def、gh 并发执行;而 def、gh 分别为下层二元协作,指示 d、e、f 顺序执行,g、h 顺序执行。注意,元素 Collaboration Activity 和 Business Trans-action Activity 的排列隐含指示了活动的顺序执行。

业务处置定义被调用时的输入参数(通常每个参数表示为概念实例,并转变为 XML 文档)和返回的输出参数。业务处置描述业务服务提供的功能操作,包括输入文档和输出文档。这些文档分别定义于应用域本体和社交促进本体。业务处置定义如图 2.14。

```
BusinessTransaction <业务处置名>
    [Constraints: (@TransactionConstraits precondition:<rrl:condition>
                                          postCondition:<condition>);]
    //preCondition指示开展业务处置需满足的外部状态条件, postCondition指示业
    //务处置同期望的终结状态 ( 典型的表示为 "(@DONE <2方协同名>)" )
    RequestingActivity: InitiatingDocument = <Document Name>;
                        {AttachmentDocument = <Document Name>;}*
                        [DocumentSecurity = <Document Security Pattern >;]
                        [TimeToAcknowledgeAcceptance = <ebXML表示方式>;]
                        [TimeToAcknowledgeReceipt = <ebXML表示方式>;]
                        [TransactionSecurity = <Transaction Security Pattern>;]
    {RespondingActivity: RespondingDocument = <Document Name>;
                        {AttachmentDocument = <Document Name>;}*
                        [DocumentSecurity = <Document Security Pattern>;]
                        [TimeToAcknowledgeReceipt = <ebXML表示方式>;]
                        [TransactionSecurity = <Transaction Security Pattern>] }+
    Result: (@DONE <Business Transaction Name>); }+  //期望的终结状态
        <Transaction Security Pattern> := (@TransactionSecurityPattern
            isAuthorizationRequired:{true | false}
            isIntelligibleCheckRequired:{true | false}
            isNonRepudiationReceiptRequired:{true | false}
            isNonRepudiationRequired:{true | false}
        <Document Security Pattern> := (@DocumentSecurityPattern
            isPositiveResponse:{true | false} isAuthenticated:{true | false}
            isConfidential:{true | false} isTamperProof:{true | false})
```

图 2.14　业务处置(操作)定义

图 2.14 中，InitiatingDocument 的定义参照 ebXML[132] 中 BusinessTansaction 的相关描述，每个文档对应 1 个输入参数，RespondingDocument 每个文档对应 1 个输出参数。RequestingActivity 中的 TimeToAcknowledgeReceipt 参数是服务请求方要求提供方还回请求文档被正确接收的时间期限（时间单位"天"），TimeToAcknowledgeAcceptance 是服务请求方要求提供方还回请求文档被正确处理的时间期限，RespondingActivity 中的 TimeToAcknowledgeReceipt 是服务提供方要求请求方还回文档被正确接收的时间期限。

2.4.2.3　知识供应 E 机构（静态单层）

我们通过在一个 E 机构实例中嵌入知识供应的所有角色信息和面向服务的协作信息，并为各角色和协作服务设定协同行为准则，作为宏观调控知识服务协同的软约束，使得作为知识工作者的自治 Agent 可以通过注册的方式加入 E 机构，在 E 机构中协同行为准则的宏观调控约束下，进行知识协作，实现自身目标和全局目标。同时，由于采用了面向服务的观点，知识工作者可以按需动态组成虚拟组织来进行知识协作，能够适应环境的变化和商业需求的动态变迁。我们把这种机构称为知识供应 E 机构。目前我们已经实现了该 E 机构，该实例描述的是一个能够按照用户的需求和偏好提供不同的"知识供应"服务的虚拟组织。知识供应 E 机构中一共设计有三种业务操作型角色：

（1）知识提供者（KnowledgeProvider）：提供知识目录浏览服务 KnowledgeCatalogBrowsing、知识购买服务 KnowledgePurchase、购买协商服务 PurchaseNegotiation、契约执行报告服务 ContractExecutionReport；

（2）知识消费者（KnowledgeConsumer）：提供知识供应服务 KnowledgeConsume；

（3）信用服务者（CreditAuthority）：提供信用查询服务 CheckCredit 和处理支付服务 CreditPayment。

下面根据 ebXML 标准，分别就知识供应中 E 机构角色、二方协同和业务处置与相应的规范进行定义。

2.4.2.3.1　角色定义

Applicant 的定义

```
BusinessPartnerRole Applicant        //申请者,申请进入社区,注册成为社区成员
    Performs: InitiatingRole = " sf：MembershipApplicat ";
    Rights:        //下面的关于"权利"的规范,其解释可参见文档"权利和义务的表
```

示.doc"

（@eio：Norm　NormCategory："RoleNorm"　NormType："Right"　NormNo：1

Performer："InitiatingRole"　Postcondition：（@eio：ServiceInitiating

BusinessTransactionRole：? x　ServiceName：? y　TransactionName：? z

RequestDate：? w））；

ViSitor 的定义

BusinessPartnerRole ViSitor　　//信息和知识访问者,未注册成为社区成员

Performs：　　　　　　InitiatingRole＝"CatalogBrowseRequestor"；

　　　　　　　　　　InitiatingRole＝"sf：EInstitutionInformationRequestor"；

Rights：

（@eio：Norm　NormCategory："RoleNorm"　NormType："Right"

NormNo：1

Performer："InitiatingRole"　Postcondition：（@eio：ServiceInitiating

BusinessTransactionRole：? x　ServiceName：? y　TransactionName：? z

RequestDate：? w））；

KnowledgeProvider 的定义

BusinessPartnerRole KnowledgeProvider

　　　　　　　　　　//知识提供者,注册知识项,提供知识项浏览,销售知识项

Performs：　　　　　　InitiatingRole＝"sf：AdvertisementRegisterRequestor"；

　　　　　　　　　　RespondingRole＝"KnowledgeItemSeller"；

　　　　　　　　　　RespondingRole＝"CatalogBrowseProvider"；

　　　　　　　　　　RespondingRole＝"sf：PurchaseNegotiationResponder"；

　　　　　　　　　　RespondingRole＝"sf：ContractExecutionReportReceiver"；

　　　　　　　　　　InitiatingRole＝"CreditCharger"；

　　　　　　　　　　InitiatingRole＝"CreditCheckRequestor"；

　　　　　　　　　　InitiatingRole＝"CreditPaymentRequestor"；

　　　　　　　　　　InitiatingRole＝"sf：MemberReputationVerificationRequestor"；

　　　　　　　　　　InitiatingRole＝"sf：ContractViolationArbitrationRequestor"；

　　　　　　　　　　InitiatingRole＝"sf：ContractNotarizationRequestor"；

　　　　　　　　　　InitiatingRole＝"sf：ContractExecutionReportSender"；

　　　　　　　　　　InitiatingRole＝"sf：RoleRegistrationQueryRequestor"；//

　　　　　　　　　　07-10-09 新增

Rights：

(@eio：Norm　NormCategory：" RoleNorm "　NormType：" Right "　NormNo：1

Performer：" InitiatingRole "　Postcondition：(@eio：ServiceInitiating

BusinessTransactionRole：? x　ServiceName：? y　TransactionName：? z

RequestDate：? w））；

Obligations：

(@eio：Norm　NormCategory：" RoleNorm "　NormType：" Obligation "　NormNo：1

Performer：" RespondingRole "　Trigger：(@eio：ServiceInitiating

BusinessTransactionRole：? x　ServiceName：? y　TransactionName：? z

RequestDate：? w)　Deadline：(@eio：dateType　Type：R　BeginDay：? w

RelativeTime：1　RelativeTimeUnit：day)　Postcondition：(@eio：ServiceR-

esponding

BusinessTransactionRole：? r　ServiceName：? y　TransactionName：? z））；

(@eio：Norm　NormCategory：" RoleNorm "　NormType：" Obligation "

NormNo：2

Performer：" RespondingRole "　Trigger：(@eio：ContractNormExecution

ContractRegisterNo：? x　NormNo：? y　ExecutionTime：? w1)(@eio：Cont-

ractInuring

ContractRegisterNo：? x　Service：? z　InuringDate：? w2)　Deadline：(@eio

：dateType

Type：R　BeginDay：? w1　RelativeTime：1　RelativeTimeUnit：day)

Postcondition：(@eio：ServiceInitiating

BusinessTransactionRole：" sf：ContractExecutionReportSender "

ServiceName：" sf：ContractExecutionReport "

TransactionName：" sf：ContractExecutionReporting "))；

//若执行了某个已生效契约的某个规范,则应在执行后的 1 天内提交执行报告

Transition：　fromBusinessState　" KnowledgeCatalogBrowse "

toBusinessState　" KnowledgePurchase "；

KnowledgeConsumer 的定义

BusinessPartnerRole KnowledgeConsumer

//知识消费者,请求推荐知识提供者,浏览中介知识库,浏览提供者知识库,购买知识项

Performs：　InitiatingRole＝" sf：PartnerRecommendationRequestor "；

InitiatingRole＝" CatalogBrowseRequestor "；

InitiatingRole＝" KnowledgeItemBuyer "；

InitiatingRole＝" sf：MemberReputationVerificationRequestor "；

InitiatingRole＝" sf：ContractViolationArbitrationRequestor "；

InitiatingRole＝" sf：ContractNotarizationRequestor "；

InitiatingRole＝" sf：PurchaseNegotiationRequestor "；

InitiatingRole＝" sf：ContractExecutionReportSender "；

InitiatingRole＝" sf：RoleRegistrationQueryRequestor "；

//07-10-09 新增

RespondingRole＝" sf：ContractExecutionReportReceiver "；

Rights：

（@eio：Norm NormCategory：" RoleNorm " NormType：" Right " NormNo：1

Performer：" InitiatingRole " Postcondition：(@eio：ServiceInitiating

BusinessTransactionRole：? x ServiceName：? y TransactionName：? z

RequestDate：? w))；

Obligations：

（@eio：Norm NormCategory：" RoleNorm " NormType：" Obligation "

NormNo：1

Performer：" RespondingRole " Trigger：(@eio：ServiceInitiating

BusinessTransactionRole：? x ServiceName：? y TransactionName：? z

RequestDate：? w) Deadline：(@eio：dateType Type：R BeginDay：? w

RelativeTime：1 RelativeTimeUnit：day) Postcondition：(@eio：Ser-

viceResponding

BusinessTransactionRole：? r ServiceName：? y TransactionName：? z))；

（@eio：Norm NormCategory：" RoleNorm " NormType：" Obligation "

NormNo：2

Performer：" InitiatingRole " Trigger：(@eio：ContractNormExecution

ContractRegisterNo：? x NormNo：? y ExecutionTime：? w1)(@eio：Cont-

ractInuring

ContractRegisterNo：? x Service：? z InuringDate：? w2) Deadline：(@

eio：dateType

Type：R BeginDay：? w1 RelativeTime：1 RelativeTimeUnit：day)

Postcondition：(@eio：ServiceInitiating

BusinessTransactionRole：" sf：ContractExecutionReportSender "

ServiceName：" sf：ContractExecutionReport "

TransactionName：" sf：ContractExecutionReporting "))；

//若执行了某个已生效契约的某个规范，则应在执行后的 1 天内提交执行报告

BusinessPartnerRole CreditAuthority   //信用服务者，信用核查，处理信用支付

Performs：   RespondingRole＝" CreditServiceProvider ";

RespondingRole＝" CreditCheckProvider ";

RespondingRole＝" CreditPaymentProvider ";

Obligations：

(@eio：Norm   NormCategory："RoleNorm"   NormType："Obligation"

NormNo：1

Performer："RespondingRole"   Trigger:(@eio：ServiceInitiating

BusinessTransactionRole：? x   ServiceName：? y   TransactionName：? z

RequestDate：? w)   Deadline:(@eio：dateType   Type：R   BeginDay：? w

RelativeTime：1   RelativeTimeUnit：day)   Postcondition:(@eio：ServiceResponding

BusinessTransactionRole：? r   ServiceName：? y   TransactionName：? z));

2.4.2.3.2　二方协同定义

BinaryCollaboration KnowledgePurchase

//知识购买，通过业务处置"PurchaseContracting"来实现

Performs：   InitiatingRole＝" KnowledgeItemBuyer ";

RespondingRole＝" KnowledgeItemSeller ";

CollaborationActivities：(@Activity   Type：BusinessTransaction

Name：PurchaseContracting)；

//无条件业务处置活动

(@Fork   Activities:(@Activity   Type：BusinessTransaction

Name：Example－1   Deadline:(@eio：dateType   Type：R   RelativeTime：1   elativeTimeUnit：day)   preCondition:(@Con－Example－1   Slot－1:? x)($)? x

1))(@Activity   Type：BusinessTransaction   Name：Example－2   Deadline:(@eio：dateType   Type：R   RelativeTime：1   elativeTimeUnit：day)   preCondition:(@Con－Example－2   Slot－2:? x)($)? x 1))(@Activity   Type：BusinessTransaction   Name：Example－3   Deadline:(@eio：dateType   Type：R   RelativeTime：1   elativeTimeUnit：day)   preCondition:(@Con－Example－3   Slot－3:? x)($)? x 1)))

//3 个并发的示意性业务处置活动

//这里相对时间(dateType 中时间类型为 R)的"BeginDay"槽缺省,意指活动的启动时间即为计算截止期的开始日期(或时间)

Deadline: type dateType;

Condition: type rrl: condition

ContractingTransaction: PurchaseContracting;　　//该槽指示 PurchaseContracting 是用于签约的商务处置操作,该操作的输入参数用于签约,也作为协作伙伴的适用性检查和协商时的约束参数

Obligations:

(@eio: Norm　NormCategory:" ColaborationNorm "　NormType:" Obligation " NormNo: 1　Performer:" InitiatingRole "　Trigger:(@eio: ServiceInitiating BusinessTransactionRole:" KnowledgeItemBuyer "

ServiceName:" KnowledgePurchase "　TransactionName:" PurchaseContracting " RequestDate:? w)　Deadline:(@eio: dateType　Type: R　BeginDay:? w RelativeTime: 0　RelativeTimeUnit: day)　Postcondition:(@eio: Signing Signer:" KnowledgeItemBuyer "　Object:" InputMessage "));

　　//服务消费方有义务在发出关于购买操作的输入消息前,对其加以签署,截止时间 0 意指立即签署

(@eio: Norm　NormCategory:" ColaborationNorm "　NormType:" Obligation " NormNo: 2　Performer:" RespondingRole "　Trigger:(@eio: ServiceResponding BusinessTransactionRole:" KnowledgeItemSeller "　ServiceName:" KnowledgePurchase "　TransactionName:" PurchaseContracting "

State: True　RespondingDate:? w)　Deadline:(@eio: dateType　Type: R　BeginDay:? w　RelativeTime: 0　RelativeTimeUnit: day)　Postcondition:(@eio: Signing

Signer:" KnowledgeItemSeller "　Object:" OutputMessage "));

　　//服务提供方赞同提供服务时有义务立即签署对于购买操作的输出消息

(@eio: Norm　NormCategory:" ColaborationNorm "　NormType:" Obligation " NormNo: 3　Performer:" RespondingRole "　Trigger:(@eio: Signing Signer:" KnowledgeItemSeller "　Object:" OutputMessage "　SigningTime:? w) Deadline:(@eio: dateType　Type: R　BeginDay:? w　RelativeTime: 1 RelativeTimeUnit: day)　Postcondition:(@eio: ServiceInitiating BusinessTransactionRole:" sf: ContractNotarizationRequestor "

ServiceName:" sf: ContractNotarizationRegister "

TransactionName:" sf：ContractNotarizationRegistering ")；

//若已完成了知识购买(并由此签署了最终协商内容作为合同)，就由服务需求方签署的输入消息(传送概念"kpo：KnowledgeOrder"的实例)和服务提供方签署的认可(输出)消息(传送概念 CommonAcknowledgement 的实例)联合构成服务供需契约。一旦建立服务供需契约，就由服务提供方向仲裁申请公证。注：概念"kpo：KnowledgeOrder"的实例已经在协商成功时建立。

BinaryCollaboration KnowledgeCatalogBrowse
　　　　　//目录浏览，通过业务处置"KnowledgeCatalogBrowsing"来实现
　Performs：　　　　InitiatingRole＝" CatalogBrowseRequestor "；
　　　　　　　　　　RespondingRole＝" CatalogBrowseProvider "；
　CollaborationActivities：(@Activity　Type：BusinessTransaction
　　　　　　　　　　　Name：KnowledgeCatalogBrowsing)；
BinaryCollaboration CreditCharge
　　　　　//信用收费，通过下层 2 方协作"CheckCredit"和"CreditPayment"来实现
　Performs：　　　　InitiatingRole＝" CreditCharger "；
　　　　　　　　　　RespondingRole＝" CreditServiceProvider "；
　CollaborationActivities：(@Activity　Type：BinaryCollaboration
　　　　　　　　　　　Name：CheckCredit)；
　　　　　　　　　(@Activity　Type：BinaryCollaboration
　　　　　　　　　　　Name：CreditPayment)；

BinaryCollaboration CheckCredit　　//信用核对，通过业务处置"CreditChecking"来实现
　Performs：　　　　InitiatingRole＝" CreditCheckRequestor "；
　　　　　　　　　　RespondingRole＝" CreditCheckProvider "；
　CollaborationActivities：(@Activity　Type：BusinessTransaction
　　　　　　　　　　　Name：CreditChecking)；
BinaryCollaboration CreditPayment
　　　　　//信用付费，通过业务处置"CreditPaymentProcessing"来实现
　Performs：　　　　InitiatingRole＝" CreditPaymentRequestor "；
　　　　　　　　　　RespondingRole＝" CreditPaymentProvider "；
　CollaborationActivities：(@Activity　Type：BusinessTransaction
　　　　　　　　　　　Name：CreditPaymentProcessing)；

2.4.2.3.3　业务处置的定义

业务处置描述业务服务提供的功能操作,包括输入文档和输出文档。这些文档分别定义于本体文档 O_KnowledgeProvision. doc、O_SocietyFacilitation. doc、O_CommonAcknowledgement、O_CreditService. doc,分别用文档前缀 kpo、sfo、cao、cso 指示。

```
BusinessTransaction PurchaseContracting        //（知识）购买签约
    RequestingActivity：InitiatingDucument＝" kpo：KnowledgeOrder ";
                                    //下知识订单时,消费者应对其数字签名
    RespondingActivity RespondingDocument＝" cao：CommonAcknowledgement ";
                                    //用于表示接受或拒绝
                  AttachmentDocument＝" string：ContractRegisterNo ";
                                    //建议接受时返回契约公证注册编号,前缀"string"
                      指示该参数为 string 型


BusinessTransaction KnowledgeCatalogBrowsing        //目录浏览
    RequestingActivity：InitiatingDucument＝" kpo：KnowledgeCatalogRequest ";
    RespondingActivity：RespondingDocument＝" kpo：KnowledgeCatalog ";
                                    //返回相关的知识项目录
    RespondingActivity：RespondingDocument＝" cao：CommonAcknowledgement ";
                                    //用于表示拒绝提供


BusinessTransaction CreditChecking                    //信用核对
    RequestingActivity：InitiatingDucument＝" cso：CreditRequest ";
                                    //信用核对请求
    RespondingActivity：RespondingDocument＝" cso：CreditConfirm ";
                                    //信用证实情况


BusinessTransaction CreditPaymentProcessing            //信用付费
    RequestingActivity：InitiatingDucument＝" cso：CreditAdvice ";
                                    //信用付费请求
    RespondingActivity：RespondingDocument＝" cso：DebitAdvice ";
                                    //信用付费完成通知
```

2.5
可信 VO

2.5.1 VO 模型（应用型 VO）

人类社会中,最常见的协作形式是某个物理组织以满足其业务需求(制造新产品、解决复杂问题、寻求知识、购买物品等)为目标发起和建立的、基于服务供需关系的联盟。这种联盟往往涉及多个两方协作,且每个两方协作均以同一发起者为需求方。这些两方协作间的关系协调就由发起者(作为联盟管理者)集中管理,不同服务的提供方则相互独立。服务提供方自身也可以通过建立协作联盟完成服务的提供,但这是下一层次的联盟,且不受上层联盟管理者的控制。有时,不同服务的提供方之间直接协调关系更为便捷,但由于不受联盟管理者的控制,易于危及联盟整体协作的一致性。其实,合理地分划业务活动,再配置经由管理者转送的适当消息,可以消除联盟其他成员间直接协调关系的需求。另外,尽管人类社会还存在其他协作形式,但从应用开发角度,上述联盟式协作是主流,且可通过联盟的嵌套适应复杂的协作需求。所以,为不失一般性,我们将TAVO 建模为由发起者(作为企事业代理的业务操作性 Agent)集中控制的、其他成员间无直接协调关系的联盟。

可信 VO 可以用下面的元组来表述(下面出现的符号 P 指示幂集,↛ 指示偏函数):

TVO＝(m, lbp, bs-set, pvm-set, vm-set, matchmaker, ie-set, contract-set, joint-intention, service-obeying, recommending, nego-selecting, contracting)

• m—VO 的组织发起者和集中管理者;

• lbp—企事业给 m 制定的、实现本地业务目标 g 的过程规范、作为 m 愿望(BDI 心理模型中)的构成内容(参见理性 Agent 层);

• bs-set—依据 lbp 去实现本地业务目标 g 时需获取的外部服务(由伙伴Agents 提供的服务)的集合,bs(∈ bs-set)可以来自不同的应用域 E 机构;

• pvm-set—潜在的 VO 成员集,pvm(∈ pvm-set)是能够提供 bs(∈ bs-set)

的业务操作型 Agents;

• vm-set—VO 成员集,vm-set＝{m}∪{ pvm | bs（∈bs-set）和 pvm＝nego-selecting（bs）},m 及其选定的提供所需业务服务的 pvms 动态组成 VO;

• matchmaker—业务服务中介 Agent,给 m 推荐协同伙伴;

• ie-set—相关于 bs-set 的应用域 E 机构集合;

• contract-set—服务契约集,contract-set＝{sc | bs∈bs-set, vm∈vm-set \{m}和 sc＝contracting(bs, m, vm) };

• joint-intention—VO 成员之间形成依据 ie-set 和 contract-set 开展服务协同的联合意愿;

• service-obeying:bs-set ⇀ ie-set,每个业务服务 bs（∈bs-set）都要求供需方遵从相应 ie（∈ie-set）制定的服务供、需标准(参见第八章 E 机构实例,本章定义的 E 机构仅仅是框架,不够详细)和协同行为规范;

• recommending:bs-set ⇀Ppvm-set,matchmaker 将提供业务服务 bs（bs∈bs-set）、且能力匹配适用性需求的 pvms 推荐给 m;

• nego-selecting:bs-set⇀pvm-set,针对每个业务服务 bs（bs∈bs-set）,通过协商和选择,m 从 matchmaker 推荐的 pvms(⊏pvm-set)中确定 bs 的提供者;

• contracting:bs-set × {m} × pvm-set ⇀ contract-set,对于每一个业务服务 bs（∈bs-set）,m 都与 pvm(＝nego-selecting（bs）)签订 1 个服务契约 sc（∈contract-set）。

2.5.2　规范实施（促进型 VO）

尽管宏观调控层设置了各种应用域 E 机构去规范 Agents 的服务协同行为,但并未提供操作化手段去指导和迫使 Agents 遵守协同行为规范。这种缺失可以通过触发由社交促进型 Agents 执行的旨在辅助、检测和制约业务操作型 Agents 服务协同行为的相应处置。这里的规范实施只是涉及促进 Agent 的辅助、检测和制约业务操作型 Agents 服务协同行为的相应处置,规范实施涉及的其他方面的内容将在后面的章节讲述。

旨在检测和制约业务操作型 Agents 服务协同行为的规范实施可以用下面的模型来刻画(促进 VO 模型,或者称联合契约遵守机制 JCCM):

NormENF ＝｛vm-set, contract-set, pn-set, self-executing, self-examining, inter-reporting, inter-examining, Vreporting, Varbitrating, EnforNorm-

Moniing，BadRecording}

- vm-set—VO 成员集；

- contract-set—VO 服务契约集；

- pn-set—所有服务契约设置的履行规范集的联合：$pns(sc_1) \bigcup pns(sc_2)$，…，$\bigcup pns(sc_n)$，$pns(sc_i)$ 指示契约 sc_i（$\in$ contract-set）设置的履行规范集；

- self-executing：vm-set $\times$ contract-set $\nrightarrow \mathbb{P}$pn-set，每个 vm（$\in$ vm-set）都依据签订的契约 sc（$\in$ contract-set），执行属于其义务和权利的服务契约履行规范集(可以是空集)；

- self-examining：vm-set $\times$ contract-set $\nrightarrow \mathbb{P}$pn-set，每个 vm（$\in$ vm-set）都依据签订的契约 sc（$\in$ contract-set），检查自己执行的履行规范，并且 self-examining（vm，sc）＝self-executing（vm，sc）；

- inter-reporting：vm-set $\times$ contract-set $\nrightarrow \mathbb{P}$pn-set，每个 vm（$\in$ vm-set）都依据签订的契约 sc（$\in$ contract-set），将已方执行的履行规范的执行状态通报给协作伙伴，并且 inter-reporting（vm，sc）＝self-executing（vm，sc）；

- inter-examining：vm-set $\times$ contract-set $\nrightarrow \mathbb{P}$pn-set，每个 vm（$\in$ vm-set）都依据签订的契约 sc（$\in$ contract-set），检查服务供、需协同对方执行的履行规范，并且 inter-examining（vm，sc）$\bigcup$ self-examining（vm，sc）＝pns（c），inter-examining（vm，sc）$\bigcap$ self-examining（vm，sc）＝$\varnothing$；

- Vreporting：举报者向 Arbitrator 请求仲裁违约冲突；

- Varbitrating：由 Arbitrator 对举报进行仲裁，可以用下面的元组来刻画；

  Varbitrating＝{Verifying，Analysing，VarbitrateRsl}
  - Verifying：由 Arbitrator 请求 Monitor 核实是否违约；
  - Analysing：由 Arbitrator 请求 Monitor 分析违约原因；
  - VarbitrateRsl：由 Arbitrator 产生违约制裁规范；

- EnforNormMoniing：由 Monitor 监视制裁规范是否得到实施；

- BadRecording：如果制裁规范被违反，由 Arbitrator 产生不良记录。

理性 Agent 层

尽管宏观调控层设置了各种应用域 E 机构去规范 Agents 的服务协同行为,促进型 VO 对不轨 Agent 进行了制裁,但是没有让 Agent 接收 E 机构规范,没有让 E 机构规范转换成 Agent 提供或获取服务的目标。理性 Agent 层弥补了此缺失。此层容纳提供业务服务的、各种异构的业务操作型 Agents,只需 A-gents 之间的交互遵从 E 机构指定的平台无关的服务协同规范。通过策略驱动的自主管理,理性 Agents 则让自己的社交和协同行为接受 E 机构行为规范的调控,成为可信的 Agents,并进而导致可信的 VO。理性意指 Agent 的自治行为遵从这些外部约束,从而被外部观察者(人或其他 Agents)认为是合理、可预测,进而可信的;而管理策略则作为依据外部约束和协同状态决策 Agent 协同行为的原则或规则。理性 Agent 可以建模成下面的元组:

AgentM＝(A-Role, O-Instruction, A-State, A-Goal, A-Activity, A-Service, LBP, C-T-Event, A-Policy, triggering, conforming, concerning, planning, Φ, π)

• A-Role—Agent 承担的属于不同应用域 E 机构的业务操作型角色集;若 r($\in$A-Role) 定义于应用 E-Institution:r$\in$R-SET(业务操作角色集),则应用 E-Institution 制定的关于 r 及其涉及服务的协同行为规范成为 Agent 应遵从的约束。

• O-Instruction—Agent 拥有者下达的(静态、动态或动态初始化时)本地业务指令集,包括协同寻求策略(指定服务供需方应满足的条件、协同信誉、候选者个数等)、协同协商策略(指定协商方式、战略、战术、服务性价指标期望值等)、协同维护策略(指定契约履行协议的执行发生冲突时的消解方式)等。O-In-struction 表示为逻辑语句集,用于激活 A-Policy 包含的行为规则,从而构成宏观调控 Agent 协同行为的另一种外部约束。

• A-State—Agent 感知的服务协同状态集;尽管社区世界状态可能已经改变,但只要未感知到,Agent 就认为感知的状态不变。依据经典的 BDI 模型,当前状态构成 Agent 信念(B),期望的业务目标达到时的状态构成 Agent 愿望(D

⊂B），当前业务目标达到时的状态构成 Agent 意愿（I⊂D）。

• A-Goal—Agent 业务目标集，从支持服务协同的角度，Agent 只有 2 类目标：服务提供目标（G_p）和服务获取目标（G_a），即 A-Goals＝$G_p\bigcup G_a$。

• A-Activity—支持服务协同的本地业务活动的集合。这些活动又划分为 3 类：服务规范遵守活动（Ac_{nc}）、服务提供活动（Ac_{sp}）和服务获取活动（Ac_{sa}），即 A-Activity＝$Ac_{nc}\bigcup Ac_{sp}\bigcup Ac_{sa}$。

• A-Service—Agent 涉及的业务服务集，包括本地实现的服务和需从外部获取的服务。前者又划分为 2 类：仅向本地提供的内部服务和可向外提供的服务。需从外部获取的服务和可向外提供的服务必须遵从相应的应用 E-Institution（参见第八章 E 机构实例，本章定义的 E 机构仅仅是框架，不够详细）。

• LBP—本地业务过程的集合。本地实现的服务 bs 提供的操作可以是基本操作，或通过组合多个下层服务提供的操作来实现，面向这些下层服务的提供活动及其调度编排构成 lbp（∈LBP）。

• C-T-Event（这里的事件指的是消息）—策略触发事件集。事件划分为 4 类：①外部服务请求事件（E_{OSR}），由其他 Agents 发送来的服务操作调用请求消息引发；②内部服务请求事件（E_{ISR}），由本地服务操作调用请求引发；③g（∈G_p）建立事件（E_{gp}）；④g（∈G_a）建立事件（E_{ga}）。从而有 C-T-Event＝$E_{osr}\bigcup E_{isr}\bigcup E_{gp}\bigcup E_{ga}$。

• A-Policy—Agent 协同行为的内部管理策略集，每个 p（∈A-Policy）设计为由 e（∈C-T-Event）激活的行为规则组，并依据当前状态和相关的本地业务指令（O-Instruction 子集）决策和驱动适当的业务活动。行为管理策略划分为 3 类：服务请求应答策略（P_{srr}）、服务提供策略（P_{sp}）和服务获取策略（P_{sa}），即 A-Policy＝$P_{srr}\bigcup P_{sp}\bigcup P_{sa}$。

P（∈P_{srr}）：A-State×PO-Instruction↛Ac_{nc}，按策略包含的知识（规则组）驱动适当的服务规范遵守活动（参见下面 conforming 的定义）。

P（∈P_{sp}）：A-State×PO-Instruction↛Ac_{sp}，按策略包含的知识驱动适当的服务提供活动 a（∈Ac_{sp}）。a 通过调用本地实现的服务操作来进行（例如，调用业务服务 bs 的业务操作 bo）。对于向外提供的 bs，Agent 按照应用 E-Institution 制定的业务操作应答活动（resas）标准，将操作结果发送给服务请求者（参见第八章 E 机构实例，本章定义的 E 机构仅仅是框架，不够详细）。

P（∈P_{sa}）：A-State×PO-Instruction↛PAc_{sa}，按策略包含的知识驱动适当的服务获取活动。这些活动包括服务提供者寻求、服务供需协商、服务签约、远程服务操作调用等。

- triggering：C-T-Event→A-Policy，由事件触发相应的策略。依据前述事件分类和策略分类的对应关系，该映射函数细化为：

$$E_{osr}→P_{srr}, E_{isr}→P_{sp}, E_{gp}→P_{sp}, E_{ga}→P_{sa},$$

其中，内部服务请求事件 $e(\in E_{isr})$ 触发服务提供策略 $p(\in P_{sp})$，意指内部服务请求不涉及服务规范遵守活动，直接通过 p 驱动适当的服务提供活动 $a(\in Ac_{sp})$。

- conforming：$Ac_{nc} \times$ A-Role $\nrightarrow G_p \cup G_a → E_{gp} \cup E_{ga}$。令 $a \in Ac_{nc}, r \in$ A-Role, $g \in G_p \cup G_a$，则 g＝conforming(a，r)指示 Agent 按照其承担的角色 r 提供或获取 a 面向的业务服务 bs(属于应用域 i)时、依据应用 E-Institution 制定的相关社交结构标准和协同行为规范，所确定的服务提供或获取目标。g 的确定也引发了目标建立事件 $e(\in E_{gp} \cup E_{ga})$。

- concerning：A-Activity→A-Service，每个本地业务活动面向与 Agent 涉及的某个业务服务。

- planning：$Ac_{sp} \nrightarrow$ LBP→PAc_{nc}，服务提供活动 $a(\in Ac_{sp})$ 调用的服务操作 bo 非基本操作时，需调用相应的本地业务过程 lbp(∈LBP)来实现，lbp 包含的某些下层服务提供活动(例如 a_i)需调用从外部获取的服务操作去实现，由此进一步驱动了相应的服务规范遵守活动 $a_j(\in Ac_{nc})$，以便通过映射函数 conforming 选定服务获取目标 $g(\in G_a)$。

- Φ——逻辑语句的有限非空集，用于描述 Agent 感知的服务协同状态。

- π：A-States→PΦ，映射函数，用于指示状态 $q(\in$ A-State)下为真的原子命题集。原子命题 p∈π(q)意指状态 q 下 p 为真。

2.7
前期工作的缺陷

2.3节到2.6节阐述了前期工作的研究,包括 E 机构研究、规范实施研究、Agent 模型研究。我们的前期 E 机构研究同样存在绪论里的缺陷,即是静态的(不能描述 E 机构随环境变化或者需求而动态调控)、单实例层的(见第三章定义);规范实施是事后实施的(规范所要求的目标达到时执行规范的 Agent 被奖励,或者规范所要求的目标未达到时执行规范的 Agent 被惩罚);Agent 模型无法在 Agent 进行冲突消解、理性决策之前解决可能违反规范的问题。前期的这些模型是我们研究的基础和框架,但这些模型存在的问题将在文中的相关章节进行研究解决。

2.8
本章小结

本章讨论了模态逻辑、道义逻辑、线性时序逻辑、分支时序逻辑和动态逻辑等技术与理论。逻辑学在描述多 Agent 协同行为的语法与语义，在系统一致、完备性、有效性等判定和证明中有至关重要的作用；而概率和统计学在多 Agent 系统中样本统计学习方面有至关重要的作用。只有两个方面的工具结合起来，才能更有效地刻画多 Agent 系统的协同行为。

前期工作提出的系统构架从三维：服务协同模型、协同行为制约和基础设施，分三个层次：虚拟社区、可信 VO 和理性 Agent，支持系统组建和运作。

我们的基本思路是：通过系统化制定社交结构标准和配套的协同行为规范来约束和调控 Agent 个体的协同行为及其演化，使得理性 Agents 的协同行为（服务供、需行为），进而群体协同效应变得可控、可预测、从而可信；处置上，促进角色通过组建 VO 来实施规范，使得促进 Agent 可以辅助、检测和制约业务操作型 Agents 服务协同行为；微观上，通过建立策略驱动的 Agent 自主管理模型，使得宏观调控作用能够施加到 Agent 个体，以驱动 Agents 表现出遵守服务契约和协同行为规范的理性，又保持高度自治。

我们还定义 Agent 交互的本体，这样便于异构资源的交互和异构环境中 Agent 之间的语义互操作。

第3章 E机构模型

3.1　E^{MLHYB}机构

3.2　动态E机构模型

3.3　E机构运行协议

3.4　本章小结

前面讲到,E 机构是 Agent 交互协议,Agent 只要遵守 E 机构定义的协议,就可以预见 Agent 参与的系统所要达到的目标。本章通过 ebXML 定义了静态单层的 E 机构模型,但静态单层的 E 机构还不能很好地全面反映 Agent 交互协议,不能更好地减少 Agent 违约。本章定义了 E 机构的 E^{MLHYB} 模型,以求有效地减少 Agent 违约事件的发生,并全面多层次地反映 Agent 交互协议。Agent 的交互系统是多层次的,例如,在售票系统中,担任售票员角色的人员可以有多个,同理,担任旅客角色的人员可以多个。于是售票交互系统是多层次的交互,不是单个售票员与单个旅客的交互,而是同一个时间段里多个售票员与多个旅客的交互。因此 E 机构制定的协同行为规范应该涉及对不同实例层之间的协同行为的制约,因而可以通过后面几章的实施机制减少不同实例层之间的协同违规行为的发生。相反,以前对行为规范的研究仅仅从单实例层研究协同行为规范,没有涉及不同实例层之间的协同行为的制约,因而不能通过规范的实施机制有效地减少或者避免不同实例层之间的违约。于是本章定义了多层次的混合 E 机构模型 E^{MLHYB},可以有效地刻画不同实例层之间的协同行为的制约。由于环境的变化和用户需求目标的变化,E 机构定义的交互协议也要发生变化,E 机构随环境和用户需求而需要动态调控,以减少违约事件的发生或者使得违约事件的发生控制在可控的范围内。于是本章定义了动态的 E 机构模型。另外,由于 Agent 的交互系统是多层次的,本章 E 机构定义了多层次的 Agent 运行模型,用来规范多层次交互系统的运行过程。

3.1 E^{MLHYB}机构

3.1.1 层次

传统多 Agent 系统中,E 机构定义的角色往往只有单个 Agent 担任,各个 Agent 担任相应角色后参与协同以求完成系统目标。E 机构仅仅定义单层次上的协同,因而 E 机构中仅仅制定了同一层次的协同行为规范。实际的多 Agent 系统中,E 机构定义的角色往往由多个 Agent 担任。担任同一个角色的多个 A-gent 都参与多 Agent 的协同,但是每个 Agent 却可以参与不同层次的协同。定义 3.2 是对实例层的定义。

定义 3.1 请求链定义为 $a_1 \rightarrow a_2 \rightarrow \cdots \rightarrow a_n$,意思是 a_1 请求 a_2,a_2 因不能完成 a_1 的请求而请求 a_3,最后 a_{n-1} 请求 a_n。

定义 3.2 由担任某一角色的某一个请求 Agent 为完成某一个具体目标发请求消息而触发一系列请求链,这一系列请求链上的协同和参与协同的 Agents 都处在同一实例层上。

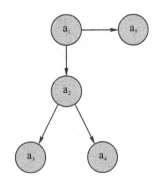

图 3.1 同一实例层

如图 3.1 所示,Agent a_1 为了实现某一个具体目标发请求而触发三个请求链,分别是 $a_1 \rightarrow a_2 \rightarrow a_3$、$a_1 \rightarrow a_2 \rightarrow a_4$ 和 $a_1 \rightarrow a_5$,它们都处在同一个实例层上。

值得注意的是,同一个 Agent 由两个不同的具体目标而触发的请求链可以处在不同实例层上。例如,在不同实例层上的 Agent a 和 b 都请求 Agent c 提供知识供应,c 由此而产生两个具体目标,这两个目标分别引发的两个系列请求链处在不同的实例层上。

由于多 Agent 系统是多实例层的交互,所以我们提出了多层次的协议标准。多层次的混合 E 机构(E^{MLHYB} 机构)模型规定了多 Agent 系统的多实例层的协议标准,以求多层次地规范多 Agent 的协同。E^{MLHYB} 机构定义的第一层是抽象层,也就是角色交互层。剩余层次是多实例层,反映的是担任 E 机构角色的 Agent 的交互。例如,售票系统中的不同旅客请求售票员售票而引发的旅客与售票员之间的协同行为是不同实例层的交互行为。因此 E 机构制定的规范应该兼顾同一实例层上的协同行为制约和不同实例层之间的协同行为制约。如图 3.2 的水平双向箭头和垂直双向箭头分别表示同一实例层上的协同行为制约和不同实例层之间的协同行为制约。通过定义多实例层 E 机构以及同实例层的协同行为制约和不同实例层之间的协同行为的制约,就可以通过规范实施机制(第 4、5、6 章阐述)减少或者避免同实例层的协同行为规范和不同实例层之间协同行为规范的违反。相反,传统 E 机构由于没有多实例层定义支撑,不能制定不同实例层之间协同行为规范。

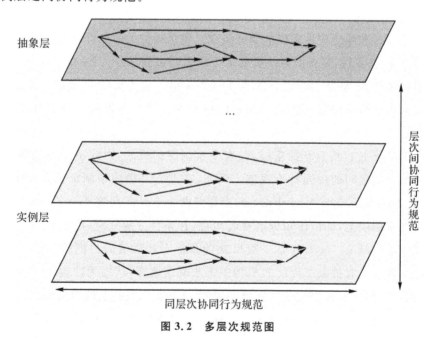

图 3.2　多层次规范图

3.1.2 E^{MLHYB}定义

一般地，E^{MLHYB}机构模型的一般模型 gEI^{MLHYB} 可以定义如下：

$gEI^{MLHYB} = \langle$ Ontology，sta-elem$_1$，sta-elem$_2$，…，sta-elem$_N$，dyn-elem1$_i$，dyn-elem2$_i$，…，dyn-elemN$_i$，tranCondition，REL $\rangle$

其中 i 为实例层层序，i＝1 到 M，M 为正整数。

定义中，Ontology 是本体，抽象层包括 sta-elem1，sta-elem2，…，sta-elemN；第 i 层实例层包括 dyn-elem1$_i$，dyn-elem2$_i$，…，dyn-elemN$_i$。抽象（或者静态）元素 sta-elemj 对应的实例（动态）元素是 dyn-elemj$_i$，tranCondition 是从抽象元素实例化到实例元素的实例化（转换）条件。REL 是各个元素之间的关系。

具体地，E^{MLHYB}机构应该定义抽象层的社交结构以及协同行为规范和对应实例层的组织结构和协同行为规范。

抽象层的社交结构是 Agent 的设计约束，是硬性约束，包括角色 Roles、角色服务 Roleservice、角色复合服务 Proc-Templs 和消息格式 CAs。如图 3.3 所示，角色分为促进角色和领域业务角色，并且由抽象规范 Meta-norms、角色承担的任务 Tasks 和角色应该提供的服务组成。角色提供的服务可以通过角色之间发消息 CAs 来实现，复合服务一般要多个角色通过发消息 CAs 来实现，进而形成了多角色交互，更复杂的复合服务通过消息进一步形成交互场景。如图 3.2 中的抽象层中的单向箭头构成了角色间的交互。而合同模板一般有两个角色参与。

由于传统 E 机构只有抽象层，没有多实例层的概念，因此不能在抽象层制定不同实例层之间的协同行为规范。例如，在 E^{MLHYB}机构中制定抽象规范 OB（KC，? Agenta，KC，? Agentb，φ，ρ），意思是两个 Agent 变量 Agenta 和 Agentb 处在不同实例层上，都担任知识消费者角色，在条件 ρ 成立时，前者有义务为后者完成抽象目标 φ。这里的 φ 一般反映的是前者和后者的协同行为的次序关系。此规范在只有抽象层传统 E 机构中无法制定落实，从而无法提供系统可信度，而 E^{MLHYB}机构可以制定落实此类型规范，从而可以提高系统可信度。

实例层的组织结构则由 Agents、Agents 提供的服务（包括促进服务 FaciAservices 和领域业务服务 DomAservices）、Agents 提供的复合服务 ComService 和 Agent 发送的消息 message 构成。Agent 分为领域业务 Agent 和促进

Agent,并承担具体的实例化的规范 insNorms、具备执行任务的动机 Motiv、并提供具体的服务。Agent 提供的复合服务一般要多个 Agent 通过发消息 Message 来实现,进而形成了多 Agent 之间交互过程。更复杂的 Agent 复合服务通过 Agent 消息进一步形成 Agent 的交互场景。如图 3.2 中的实例层中的单向箭头构成了 Agent 间的交互,进而产生交互场景。交互过程 reciprocalP 可以定义如下:

reciprocalP＝{Atomic（Rid_1，$Agid_1$，Rid_2，$Agid_2$，content），}$^+$

其中 Atomic(Rid_1，$Agid_1$，Rid_2，$Agid_2$，content)是 Agent 发送的消息,参见下面的消息定义。

因此,E^{MLHYB}机构模型(应用域 E 机构和促进 E 机构合为同一个模型)的具体模型 sEI^{MLHYB} 可以定义如下元组:

sEI^{MLHYB}＝⟨Ontology，F-Role，Domain-roles，Meta-norms，FaciServices，DomServices，Tasks，Proc-Templs，Contract-Templs，CAs，$FaciAgent_i$，$DomAgents_i$，$insNorms_i$，$FaciAservices_i$，$DomAservices_i$，$Motiv_i$，$ComService_i$，$contract_i$，$Message_i$，Trancondition⟩，i＝1 到 M,M 为正整数。

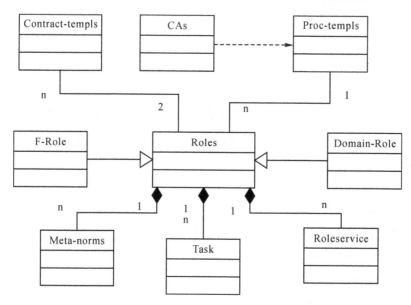

图 3.3　E 机构元素及其关系

在这个元组中,Ontology 就是语义层,它是静态层中的本体定义和关系的集合。静态层包括角色 Roles(促进角色 F-Role 和领域业务 Domain-roles),抽象规范 Meta-norms,角色服务 SERVICE(促进服务 FaciServices 和领域业务服务 DomServices)，角色承担的任务 Tasks，角色复合服务 Proc-templs，合同模板 Contract-templs 和消息格式 CAs。图 3.3 中显示的是部分静态层中的元素的关系(注意：我们不是用 UML 来建模 E 机构的元素，而是用 UML 表达 E 机构元素之间的关系)。而 FaciAgent$_i$，DomAgents$_i$，insNorms$_i$，FaciAservices$_i$，DomAservices$_i$，Motiv$_i$，ComService$_i$，contract$_i$，Message$_i$ 是第 i 实例层元素，分别是 F-Role，Domain-roles，Meta-norms，FaciServices，DomServices，Tasks，Proc-Templs，Contract-Templs，CAs 的实例。因此 E 机构的体系结构可以用图 3.4 来表示。

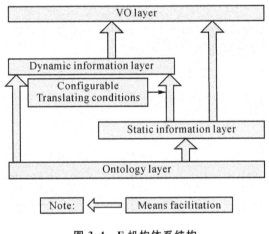

图 3.4　E 机构体系结构

包括促进角色 F-Role(社区管理角色 AuthFrole，如提供注册等功能、服务匹配角色 MatchFrole、仲裁角色 ArbitrFrole 和监控角色 MoniFrole)和领域业务 Domain-roles，Role 可以定义成一个元组：

Role=〈Rid，Roleserviceset，Rolenormset〉

其中，Rid 是角色标识；Roleserviceset 角色服务集，如果是 Domain-roles，Roleserviceset 就是 DomServices，否则是 FaciServices；Rolenormset 就是 Meta-norms，是角色承担的抽象规范。

Meta-norms 可以定义成：

Meta-norms=OB$_{Rid}$($\rho \leqslant \delta | \sigma$)|FB$_{Rid}$($\rho \leqslant \delta | \sigma$)|PM$_{Rid}$($\rho \leqslant \delta | \sigma$)

其中，Rid 是角色标识符号，OB 是义务，FB 禁止规范，PM 是允许规范，σ 触发条件，δ 是期限，ρ 是规范的要达到的状态或者要执行的动作。insNorms$_i$ 是 Meta-norms 经过 Agent 协商实例化后得到的，原则上跟 Meta-norms 是一致的，并且两者形式表示是一样的，唯一不同的是用 Aid(Agent 标识)替换 Rid。

具体定义如下：

$$insNorms_i = OB_{Agid}(\rho \leqslant \delta \mid \sigma) \mid FB_{Agid}(\rho \leqslant \delta \mid \sigma) \mid PM_{Agid}(\rho \leqslant \delta \mid \sigma)$$

假设售票时，旅客只站 2 列，军人和残疾人站 1 列（LineS1），其他旅客站另外 1 列（LineS2）。同时假设有 8 个售票窗口，每个窗口中的交互代表一个实例层的交互。因此，系统总共可以同时有 8 个实例层。此时，E 机构制定的规范应该涉及对不同实例层之间的协同行为的制约。例如，售票时规定当军人、残疾人位于军人、残疾人售票队列头，普通人售票队列不为空，同时有售票窗口空闲时，军人、残疾人优先咨询售票情况。军人（或残疾人）和普通人的购票是不同实例层的协同问题，本规范的制定对不同实例层之间的协同行为（军人和普通人的售票）的产生了制约。

角色服务 Roleservices（在这个元组中包括 FaciServices 和 DomServices）的定义如下：

Roleservices = { ' service (' name parameter output precondition postcondition
context ')' }⁺

parameter = { ' parameter (' name type constraint ')'}⁺

output = { ' output (' name type constraint ')'}⁺

context = { contextaspect}⁺

contextaspect = ' contextaspect(' contextaspectN classificationmethodN categoryN ')'

contextaspectN = GeopoliticalRegion | BusinessCategory | ProvisionCategory

其中，parameter 是服务参数，constraint 是参数的约束条件，classification-methodN 服务分类方法名，categoryN 是服务属于的应用域目录分类，output 是服务的输出，precondition 是用领域知识（Domainknowledge）定义的前置条件，postcondition 是用领域知识（Domainknowledge）定义的后置条件。

Agent 服务（在元组中包括 FaciAservices_i 和 DomAservices_i,）和角色服务有相同的定义形式，但一般要求 Agent 服务要能够承担得起角色服务的功能。

这元组中的 Tasks 是要解决的问题。为了解决 Tasks，需要一个或多个角色服务（用 Proc-templs 定义）参与，Tasks 定义如下：

Tasks = ' task (' role parameter output precondition postcondition ')'

parameter = { ' parameter (' name type constraint ')'}⁺

output = { ' output (' name type constraint ')'}⁺

其中，parameter 是 task 参数，constraint 是参数的约束条件，output 是

task 的输出，precondition 是用领域知识（Domainknowledge）定义的前置条件，postcondition 是用领域知识（Domainknowledge）定义的后置条件。Role 是对负责 task 的角色。

Motiv$_i$ 是 Agent 或者用户产生的 Task 实例，和 Task 有相同的表达形式，驱动 VO（虚拟组织）的形成。

Proc-templs 是解决 Task（一个角色服务不能解决）的复合服务。Proc-templs 复合服务由多个角色服务提供，可以定义如下：

Proc-templs ＝〈precondition, postcondition, roles, roleservices, Sequence, Concurrence, input, output〉

其中，precondition 是用领域知识（Domainknowledge）定义的复合服务前置条件，postcondition 是用领域知识（Domainknowledge）定义的复合服务后置条件。roleservices 和 roles 分别是复合服务的子服务和子服务的提供者，Sequence 和 Concurrence 分别是用来编排子服务的顺序和并发算子。

ComService$_i$ 是 Proc-templs 的实例，是 Proc-templs 的具体调度规划，可以用如下的方式来定义：

〈ComService$_i$〉::＝{〈Plan-Steps〉|（Loop〈Plan-Steps〉）}$^+$

〈Plan-Steps〉::＝{（←Return〈Condition〉）|（←〈Service-Set〉[〈Condition〉]）|（or{（←〈Service-Set〉[〈Condition〉]）}$^+$）}$^+$

〈Service-Set〉::＝〈agentService〉|（（{Sequence | Concurrence}{（←〈agentService〉[〈Condition〉]）}$^+$）

〈Condition〉::＝〈Conditionexpression〉

〈agentService〉::＝（〈name〉{〈parametervalues〉}*）

其中，agentService 是担任 Proc-templs 中角色的 Agent 提供的服务。

合同是服务提供者和服务使用者（服务供需合同）或 Agent 和组织（角色承担合同）之间因协作的需要达成的一种协议。为了便于合同建立，需要用上合同模板 Contract-templs。合同模板包括合同头部和合同主体等内容项。合同头部有合同类型、谁参与合同签约、合同签订时间和合同到期时间等。合同主体主要包含抽象合同条款，即 Meta-norms。合同模板可以定义如下：

〈contract-template〉::＝〈contract-header〉〈contract-body〉

〈contract-header〉::＝〈contract-type〉〈type-info〉〈when〉〈who〉〈ending-situation〉

〈contract-body〉::＝{〈Meta-norm〉}$^+$

合同模板实例 contract$_i$ 和 contract-template 有相同的表达形式,但是通过 Agent 之间的协商,contract$_i$ 中包含具体的元素。具体的元素其合同头部有具体的合同类型、确定谁参与合同签约、具体合同签订时间和合同到期时间等。合同主体主要包含具体合同条款,即 insNorms$_i$。

CA 是通讯原语,可以定义如下:

Atomic(Rid$_1$,Rid$_2$,content),其中,Rid$_1$,Rid$_2$ 分别是发送信息角色和接收信息角色,content 是要交流的信息,通常是公式。最基本的通信原语 Atomic 包括请求 request、承诺 commit、通知 inform 和声明 declare 等。

Message$_i$ 跟 CA 有相同的表示形式,是 CA 的实例,唯一不同的是用 Aid 替换 CA 中的 Rid,Message$_i$ 的 content 公式中的变量被赋具体的值。具体可以定义如下:

Atomic(Rid$_1$,Agid$_1$,Rid$_2$,Agid$_2$,content),其中,Rid$_1$,Rid$_2$ 分别是发送信息角色和接收信息角色,Agid$_1$,AgRid$_2$ 分别是发送信息角色和接收信息 Agent 号,content 是要交流的信息,通常是公式。最基本的通信原语 Atomic 包括请求 request、承诺 commit、通知 inform 和声明 declare 等。

Trancondition 是实例化条件,可以定义成 Trancondition = $\langle T_1, T_2, \cdots T_n \rangle$,其中 Ti 对应第 i 个静态元素的实例化条件。

以静态元素 Domain-roles 为例,Domain-roles 实例化成 Domain-agents$_i$,实例化条件可以如下陈述:

Domain-roles × repu(agent,good)→Domain-agents$_i$

表明只有声誉至少为好的 Agent 才能担任相应的角色。

也可以用静态元素 Meta-norm 为例,Meta-norm 实例化成 insNorms$_i$,实例化条件可以如下陈述:

Meta-norm × Negotiation→insNorms$_i$

表明抽象规范要通过 Agent 协商后才能得到实例化的规范。例如抽象规范中的参数范围更广,而经过 Agent 协商后得到具体的规范参数。当然,实例化的规范也可以不经过 Agent 协商,直接继承抽象规范中定义的规范的参数。

3.2

动态 E 机构模型

E 机构是管理开放 Agent 社会的一种手段,是 Agent 交互的协议。E 机构规定可以做什么,禁止做什么。然而,由于环境是变化的,用户的需求也是变化的,E 机构的调控不会也不可能一成不变。我们应该应环境变化和需求变化使得 E 机构的调控应要求而改变。这节我们将提出动态 E 机构模型,并给出动态模型的动态调控机理。

由于环境变化或者管理需要,人类的管理体制随时间而改变。作为人类体制的一个对应面,E 机构也必须改变。我们说的动态 E 机构指的是由于 E 机构目标、环境或者用户及设计的介入,E 机构经历的一系列的变化。正是因为这些原因,所以我们需要描述一个动态 E 机构模型。

E 机构随环境和用户需求而需要动态调控,以减少违约事件的发生或者使得违约事件的发生控制在可控范围内。这样就可以使得系统更加可信并可靠。

在上一节中我们知道 E 机构分为抽象层和实例层。实例层由抽象层实例化得到。所以,这里就以上一节的抽象层的元素为例,动态调整抽象层的元素及其参数,使得 E 机构的调控得到改变,从两个方面来扩展 E 机构:

(1)给出 E 机构的动态模型;

(2)给出动态模型的动态调控机理。

3.2.1 静态 E 机构模型

我们这里的静态模型就对应上一节的抽象层的元素。这里说的静态指的是抽象元素及其参数不随时间的改变而改变。因此,静态 E 机构模型至少包括下面的元素,并可以定义成一个元组:

EI = ⟨ROLE, Meta-norms, SERVICE, Tasks, Proc-templs, Contract-templs, CAs, Trancondition⟩ (1)

PEI = ⟨PROLE, PMeta-norms, PSERVICE, PTasks, PProc-templs, PContract-templs, PCAs, PTrancondition⟩ (2)

其中，EI和PEI分别是静态E机构模型和静态E机构参数模型。ROLE是应用域可数角色集合，包括业务角色（Domain-roles）和促进角色（AuthFrole，MatchFrole，ArbitrFrole，MoniFrole）；Meta-norms是可数的规范（禁止、允许和义务）集；SERVICE是由角色（业务角色和促进角色）提供的服务集合，包括业务服务（DomServices）和促进服务（FaciServices）；Tasks是E机构的可数目标（要完成的任务）；Proc-templs是解决Task（一个角色服务不能解决）的复合服务；Contract-templs是合同模板，用来产生具体的合同；CAs是由担任角色的Agent发送的消息原语；Trancondition是E机构服务与消息之间的对应，也就是发送哪些消息才是有效执行E机构的服务，在文中还包括抽象元素到动态元素之间的实例化条件。参数PROLE，PMeta-norms，PSERVICE，PTasks，PProc-templs，PContract-templs，PCAs，PTrancondition可能为空，分别是ROLE，Meta-norms，SERVICE，Tasks，Proc-templs，Contract-templs，CAs，Trancondition对应的参数值的集合。例如，我们可以如下定义规范：

$$\text{Meta-norm} = \text{def A causes F if } P_1, \cdots, P_n \tag{3}$$

其中，A是服务名，F，P_1，$\cdots$，P_n是变量表达式。A产生的效果是F，P_1，$\cdots$，P_n是前置条件。从这个定义，Meta-norm的参数集合PNORM包括前置条件和A产生的效果，即F和P_1，$\cdots$，P_n。

3.2.2　动态E机构模型

设定T为离散的时间序列。设定ROLE，Meta-norms，SERVICE，Tasks，Proc-templs，Contract-templs，CAs，Trancondition分别是角色集合、规范集合、服务集、目标集、复合服务集、合同模板集、消息原语集和转换条件集合。设定PROLE，PMeta-norms，PSERVICE，PTasks，PProc-templs，PContract-templs，PCAs，PTrancondition分别是ROLE，Meta-norms，SERVICE，Tasks，Proc-templs，Contract-templs，CAs，Trancondition对应的全体所有的参数集合。那么动态E机构模型和对应的动态参数模型可以用下面的元组来描述（在下面的表达中，t∈T）：

$$EI^t = \langle ROLE^t, \text{Meta-norms}^t, SERVICE^t, Tasks^t, \text{Proc-templs}^t, \text{Contract-templs}^t, CAs^t, \text{Trancondition}^t \rangle \tag{4}$$

$$PEI^t = \langle PROLE^t, \text{PMeta-norms}^t, PSERVICE^t, PTasks^t, \text{PProc-templs}^t, \text{PContract-templs}^t, PCAs^t, \text{PTrancondition}^t \rangle \tag{5}$$

其中，

ROLE^t $\in 2^{\text{ROLE}}$ 是时刻 t 的 E 机构角色集合；

Meta-norms^t $\in 2^{\text{Meta-norms}}$ 是时刻 t 的 E 机构规范集合；

SERVICE^t $\in 2^{\text{SERVICE}}$ 是时刻 t 的 E 机构服务集合；

Tasks^t $\in 2^{\text{Tasks}}$ 是时刻 t 的 E 机构目标集合；

Proc-templs^t $\in 2^{\text{Proc-templs}}$ 是时刻 t 的 E 机构复合服务的集合；

Contract-templs^t $\in 2^{\text{Contract-templs}}$ 是时刻 t 的 E 机构的合同模板的集合；

CAs^t $\in 2^{\text{CAs}}$ 是时刻 t 的 E 机构的消息的集合；

Trancondition^t $\in 2^{\text{Trancondition}}$ 是时刻 t 的 E 机构 Trancondition 的集合；

和

PROLE^t $\in 2^{\text{PROLE}}$ 是时刻 t 的 E 机构角色参数集合；

PMeta-norms^t $\in 2^{\text{PMeta-norms}}$ 是时刻 t 的 E 机构规范参数集合；

PSERVICE^t $\in 2^{\text{PSERVICE}}$ 是时刻 t 的 E 机构服务参数集合；

PTasks^t $\in 2^{\text{PTasks}}$ 是时刻 t 的 E 机构目标参数集合；

PProc-templs^t $\in 2^{\text{PProc-templs}}$ 是时刻 t 的 E 机构复合服务的参数集合；

PContract-templs^t $\in 2^{\text{PContract-templs}}$ 是时刻 t 的 E 机构的合同模板的参数集合；

PCAs^t $\in 2^{\text{PCAs}}$ 是时刻 t 的 E 机构的消息的参数集合；

PTrancondition^t $\in 2^{\text{PTrancondition}}$ 是时刻 t 的 E 机构 Trancondition 的参数集合；

从上面的定义可以看出，E 机构的动态性体现在四个方面：(1)E 机构某一个元素集合的元素数量的增加；(2)E 机构某一个元素集合的元素数量的减少；(3)E 机构某一个元素参数集合的元素数量的增加；(4)E 机构某一个元素参数集合的参数数量的减少。

对于上面的第一个方面，也就是增加 E 机构的元素数量，比如，随着环境变化或者管理需求，E 机构的目标可能增加。例如，对于交通管理 E 机构，E 机构的目标就是保持撞车事故和车毁事故在一定的范围内。由于管理需要，新的 E 机构要增加目标"保持阻车在一定范围内"。如果 E 机构的目标是完成某领域的任务，任务被分解成子任务，子任务分配到角色去执行。有些子任务现行的角色无法完成时，新角色增加，新角色新增加的服务也加入到 E 机构。

对于上面的第三个方面，也就是增加 E 机构参数，参数值范围也会由于管理需要增加。例如，对于交通管理 E 机构，E 机构的目标就是保持撞车事故在范围 $[\text{min}_1, \text{max}_1]$ 内。当我们的管理调得宽松些，使得撞车事故范围变到 $[\text{min}_2, \text{max}_2]$，其中 $\text{min}_2 < \text{min}_1$ 同时 $\text{max}_2 > \text{max}_1$，这时，E 机构的参数数量就增加了。

对应 E 机构变化的其他方面,读者也可以自己领会。值得注意的是,E 机构有些元素可能不需要设置参数,那么对应的参数集为空。

3.2.3　E 机构动态模型调控机理

动态 E 机构模型定义的元组中的元素是规范多 Agent 系统外部抽象特征(约束)。规范多 Agent 系统外部特征可以随用户的设计变化、外部环境变化和 Agent 的内部因素的变化而变化。用户是为规范多 Agent 系统适应环境的变化而设计的,设计的变化使 E 机构模型随之变化。用户的设计是为了实现预定的 E 机构目标(如规定 E 机构的某一个服务的违约率不低于 5%),因此用户的设计变化(某一个服务的违约率从先前规定不低于 5% 到规定不低于 8%)具有事先性质,但用户设计的目标是否能够实现还得通过规范多 Agent 的运行来验证。外部环境的变化可以使得 Agent 的能力(指的是 Agent 提供服务的性能)发生变化,进而使得 Agent 的协同发生变化。例如,Agent 所在通信信道拥挤,使得 Agent 提供服务时速度变慢,或者使得 Agent 提供服务时失败频率增加。外部环境的变化也可以使得 Agent 的主观因素发生变化,例如,环境的变化使得 A-gent 不愿意提供服务的频率增加,进而使得 Agent 的协同发生变化。可以通过审核 Agent 协同发生的变化而动态改变 E 机构模型,从而动态调控规范多 A-gent 系统外部特征,进而可以有效地达到我们的调控效果,比如,减少合同违反,提高可信度。不同于由用户设计变化而导致 E 机构的事先性质的变化,通过审核 Agent 协同发生的变化而动态改变 E 机构模型具有事后特征。由于用户设计的合理性要得到规范多 Agent 运行时的验证,而外部环境的变化可以反映到 Agent 的协同发生变化中,所以这里重点阐述由 Agent 的协同变化而动态改变 E 机构模型,从而动态调控 Agent 的协同,达到协同可信的目的。

E 机构模型定义的规范多 Agent 系统外部特征是变化的,外部特征的变化是规范多 Agent 系统内部因素(Agent 通过感知所做的主观选择等主观因素和 Agent 的能力等客观因素)变化以及由此带来的个体协同行为变化的反应。但是动态 E 机构模型并没有涉及 Agent 系统内部因素以及个体行为,因此,动态模型的调控机理就是要设计合理的规则反应 Agent 系统内部因素以及个体行为,得出规范多 Agent 系统外部特征的变化。

Agent 个体特征的变化(内部因素以及个体行为)可以概括为以下几个方面:(1)Agent 提供的服务性能发生变化;(2)多 Agent 系统中 Agent 数量的变

化；(3)Agent 的主观因素发生变化等。导致(1)的变化可以是 Agent 内部因素的变化或者是 Agent 操纵的被动对象(例如使用的 Web 服务工具)的变化，还可以是通信媒介(例如通信信道拥挤，使得 Agent 提供服务时速度变慢)的变化等。导致(2)的变化可以是 Agent 离开或者是加入多 Agent 系统，此变化导致担任某一个角色的 Agent 数量发生变化，进而当多个用户请求此角色所定义的服务时，对此服务的提供性能有影响。导致(3)的变化可以是由于环境变化使得 Agent 不愿意或者更愿意执行服务，愿意度通常以概率来度量。

由上节的 E 机构动态模型的定义可知，规范多 Agent 系统外部特征的变化可以概括为以下几个方面：(1)集合 ROLE、Meta-norms、SERVICE、Tasks、Proc-templs、Contract-templs、CAs 和 Trancondition 中元素的增减；(2)集合 PROLE，PMeta-norms，PSERVICE，PTasks，PProc-templs，PContract-templs，PCAs 和 Ptrancondition 中元素的增减。以下将阐述 Agent 个体特征的变化和 E 机构动态模型的联系。

3.2.3.1　动态 E 机构元素变化

作为 E 机构动态模型元素变化中的一个方面，SERVICE 集合中元素的减少可以是担任某角色的 Agents 都不能或不能按要求提供某一个服务。例如，担任某一个角色的 3 个 Agents 都不能按违约率低于 5% 的要求提供某一个服务以支持 service($\in$SERVICE)，导致 SERVICE^t－{service}，这表明规范多 Agent 系统从外部特征上已经不具备提供 service 此服务的能力，或者说抽象元素 service 对 Agent 的约束已经失效。如上所述，导致 Agents 都不能按违约率低于 5% 的要求提供服务 service 的原因可以是 Agents 内部因素(自身不愿意提供服务)或者是环境因素(例如通信信道拥挤等)，还可以是提供此服务的 Agent 数量的变化。对于由 Agent 能力的变化或者 Agent 数量变化而导致此服务违约率偏高，要求系统招募有能力提供支持 service 的 Agent。对于由 Agent 的主观原因而导致此服务违约率偏高，则要求系统加大对 Agent 的惩罚力度，以达到服务提供要求，提高可信度。而 SERVICE 集合中元素的增加可以是担任某角色的某 Agents 由不能或不能按要求提供某一个服务变得能或能按要求提供此服务，或者是某 Agent 加入多 Agent 系统，并能够或能按要求提供此服务，而 Agent 提供的服务可以支持 service，但此时 service$\notin$SERVICE。此时就导致 SERVICE^t＋{service}，这表明规范多 Agent 系统从外部特征上已经具备提供 service 服务的能力，或者说抽象元素 service 对 Agent 的约束是有效的。

担任某一个角色的 Agents 由不能按违约率低于 5% 的要求提供某一个服务 service 到能按此要求提供此服务是可能的。Agent 可以在多个 E 机构中担任角色，因而可以在多个 E 机构中提供此服务。此时违约率的统计应该考虑 Agent 在多个 E 机构中提供此服务对应的合同样本（合同执行成功或者失败）。虽然是相同服务，但每个 E 机构要求 Agent 提供此服务的要求是不一样的。例如，E 机构 E1 要求 Agent 提供此服务的违约率低于 5%，而 E 机构 E2 要求 Agent 提供此服务的违约率低于 8%。假如在 T1 时刻统计到 Agent 提供此服务的违约率为 6%，此时 Agent 不能按 E 机构 E1 要求提供此服务，但可以按 E 机构 E2 要求提供此服务。此后，Agent 继续按 E 机构 E2 要求提供此服务，并且违约率还在统计（按 E 机构 E2 的合同样本），如果在 $Tx(x\rangle1)$ 时刻统计到 Agent 提供此服务的违约率为 4%，此时 Agent 能按 E 机构 E1 要求提供此服务。导致 Agents 个体行为的变化可以是环境因素（例如由在 T1 时刻之前通信信道拥挤到 Tx 不拥挤等因素），或者可以是系统的奖惩力度因素。

当担任某一个角色的所有 Agent 都不能按要求提供服务以支持 service($\in$ SERVICE)时，规范多 Agent 系统将不再具有下列外部特征：通过 service 来完成的任务 task($\in$ Tasks)、service 支撑的复合服务 proc($\in$ Proc-templs)、以及对应的 ca($\in$ CAs)和 tr($\in$ Trancondition)。此时，动态 E 机构发生下列变化：Tasks^t-{task}、Proc-templs^t-{proc}、CAs^t-{ca}和 Trancondition^t-{tr}。

当担任某一个角色的某个 Agent 由不能按要求提供服务以支持 service($\notin$ SERVICE^t)到有能力提供时，规范多 Agent 系统将具有下列外部特征：通过 service 来完成的任务 task($\notin$ Tasks)、service 支撑的复合服务 proc($\notin$ Proc-templs)、以及对应的 ca($\notin$ CAs)和 tr($\notin$ Trancondition)。此时，动态 E 机构发生下列变化：Tasks^t+{task}、Proc-templs^t+{proc}、CAs^t+{ca}和 Trancondition^t+{tr}。

让函数 jdg^t(Authority, $\wedge_{i=1}^{n}P(a_i.ser, t))\in\{1,-1\}$ 和 jdg^t(Authority, $\vee_{i=1}^{n}P(a_i.ser, t))\in\{1,-1\}$ 分别表示 Authority 在时刻 t 判断 Agent a1,a2, ⋯,an(Agent a1,a2,⋯,an 担任 ser 对应的角色)的服务 ser 是否都不满足违约率要求（1 表示满足违约率要求，-1 表示不满足违约率要求）和 Authority 判断 Agent a1,a2,⋯,an 的服务 ser 是否存在一个满足违约率要求（1 表示存在一个违约率要求，-1 表示不存在），我们可以把这两个函数分别写成 Authority$^{\models t}$ $\wedge_{i=1}^{n}P(a_i.ser, t)\approx V$ 和 Authority$^{\models t}$ $\vee_{i=1}^{n}P(a_i.ser, t)\approx V$，其中 $V\in\{1,-1\}$。让[τ,τ']和[τ,τ')分别表示全闭和半开时间区间。假设在区间[τ,τ')上的任何

t, service $\notin$ SERVICE^t，同时函数 jdg^t（Authority，$\bigvee_{i=1}^{n} P(a_i. ser, [\tau, \tau'])$）表示在时刻 t Authority 判断 Agent a1, a2, …, an 的服务 ser 在区间 $[\tau, \tau']$ 上是否有满足违约率要求的，而且 ser 在区间 $[\tau, \tau']$ 上是 service 实例，则 SERVICE^t + {service} 的判断法则为：

$$\text{Authority}^{\models \tau'} \bigvee_{i=1}^{n} P(a_i. ser, [\tau, \tau']) \approx 1 \rightarrow \text{SERVICE}^{\tau} = \text{SERVICE}^{\tau} + \{service\}.$$

也可以得出：

$$\text{Authority}^{\models \tau'} \bigvee_{i=1}^{n} P(a_i. ser, [\tau, \tau']) \approx 1 \rightarrow \text{Tasks}^{\tau} = \text{Tasks}^{\tau} + \{task\},$$

$$\text{Authority}^{\models \tau'} \bigvee_{i=1}^{n} P(a_i. ser, [\tau, \tau']) \approx 1 \rightarrow \text{Proc-templs}^{\tau} = \text{Proc-templs}^{\tau} + \{proc\},$$

$$\text{Authority}^{\models \tau'} \bigvee_{i=1}^{n} P(a_i. ser, [\tau, \tau']) \approx 1 \rightarrow \text{CAs}^{\tau} = \text{CAs}^{\tau} + \{ca\},$$

$$\text{Authority}^{\models \tau'} \bigvee_{i=1}^{n} P(a_i. ser, [\tau, \tau']) \approx 1 \rightarrow \text{Trancondition}^{\tau} = \text{Trancondition}^{\tau} + \{tr\}.$$

假设在区间 $[\tau, \tau']$ 上的任何 t, service $\in$ SERVICE^t，函数 jdg^t（Authority，$\bigwedge_{i=1}^{n} P(a_i. ser, [\tau, \tau'])$）表示在时刻 t Authority 判断 Agent a1, a2, …, an 的服务 ser 在区间 $[\tau, \tau']$ 上是否都不满足违约率要求，而且 ser 在区间 $[\tau, \tau']$ 上是 service 实例，则 SERVICE^t − {service} 的判断法则为：

$$\text{Authority}^{\models \tau'} \bigwedge_{i=1}^{n} P(a_i. ser, [\tau, \tau']) \approx 1 \rightarrow \text{SERVICE}^{\tau} = \text{SERVICE}^{\tau} - \{service\}.$$

也可以得出：

$$\text{Authority}^{\models \tau'} \bigwedge_{i=1}^{n} P(a_i. ser, [\tau, \tau']) \approx 1 \rightarrow \text{Tasks}^{\tau} = \text{Tasks}^{\tau} - \{task\},$$

$$\text{Authority}^{\models \tau'} \bigwedge_{i=1}^{n} P(a_i. ser, [\tau, \tau']) \approx 1 \rightarrow \text{Proc-templs}^{\tau} = \text{Proc-templs}^{\tau} - \{proc\},$$

$$\text{Authority}^{\models \tau'} \bigwedge_{i=1}^{n} P(a_i. ser, [\tau, \tau']) \approx 1 \rightarrow \text{CAs}^{\tau} = \text{CAs}^{\tau} - \{ca\},$$

$$\text{Authority}^{\models \tau'} \bigwedge_{i=1}^{n} P(a_i. ser, [\tau, \tau']) \approx 1 \rightarrow \text{Trancondition}^{\tau} = \text{Trancondition}^{\tau} - \{tr\}.$$

当担任某一个角色 role 的所有 Agent 都不能按要求提供服务以支持角色中描述的所有服务时，规范多 Agent 系统将不再具有 role 这个外部特征；当系统中的 Agent 由不能按要求提供服务到能按要求提供服务以支持角色 role(role $\notin$ ROLE)中描述的服务时，或者某 Agent 请求加入，并且它所提供的服务能够支持角色 role(role $\notin$ ROLE)中描述的服务时，规范多 Agent 系统将再具 role 这个外部特征；对于第一种情况，动态 E 机构将发生 ROLE^t − {role} 变化；对于第二种情况,动态 E 机构将发生 ROLE^t + {role}变化。

假设在区间[τ,τ']上的任何 t,role ∈ ROLE^t,函数 jdg^t(Authority, $\wedge_{j=1}^n$ $\wedge_{i=1}^m$P(a_i. ser$_j$, [τ,τ'])) ∈{1,−1}表示在时刻 tAuthority 判断 Agent a1,a2, …,an 的所有服务在区间[τ,τ']上是否都不满足违约率要求(1 表示不满足,−1 表示满足),而且 Agent a1,a2,…,an 的所提供的服务在区间[τ,τ']上都是角色 role 的服务实例,并满足角色 role 的服务都有服务实例,则 ROLE^t − {role}的判断法则为:

Authority$\vDash^{\tau'}$ $\wedge_{j=1}^n$ $\wedge_{i=1}^m$P(a_i. ser$_j$, [τ,τ']) ≈1→ROLE$^\tau$ =ROLE$^\tau$ − {role}。

在发生这种情况时,系统将寻求担任其他角色的 Agent 是否能提供 role 中的服务,或者招募 Agent 进入系统。

假设在区间[τ,τ']上的任何 t,role ∉ ROLE^t,函数 jdg^t(Authority, $\vee_{j=1}^n$P(ser$_j$, [τ,τ'])) ∈{1,−1}表示在时刻 t Authority 判断 Agent a1,a2,…,an 的所提供的服务在区间[τ,τ']上是否有满足违约率要求(1 表示有,−1 表示没有),而且服务 ser1,ser2,…,sern(为系统中的 Agent 提供)在区间[τ,τ']上都是角色 role 的服务实例,则 ROLE^t + {role}的判断法则为:

Authority$\vDash^{\tau'}$ $\vee_{j=1}^n$P(ser$_j$, [τ,τ'])≈1→ROLE$^\tau$ =ROLE$^\tau$ + {role}。

对于动态 E 机构的规范来说,情况要更复杂些。此时规范 Meta-norms 集合中元素的增减可能会因规范冲突引起的。

由于多 E 机构存在,Agent 可能同时担任多个 E 机构中的角色,此时 Agent 可能会承担不同的 E 机构制定的规范,并且规范存在冲突的情况。虽然通过基于规范的 n 纬服务匹配机制有时可以很好地解决规范的冲突问题,但在最坏的情况下,即无法找到不存在规范冲突的 E 机构制定的服务时,规范冲突仍然存在。此时,担任某角色 role 的 Agent 必然试图和担任 Authority 的 Agent 协商释放相应的承担的规范。当担任某角色 role 的所有 Agent 某时刻都试图和担任 Authority 的 Agent 协商释放相应的承担的规范,并且都得到 Authority 慎重的同意时,规范多 Agent 系统不再表现出外部可见的约束特征,即角色 role 中具备的抽象规范 metanorm 的约束特征(metanorm 实例化得到已经被释放的具体规范)。此时动态 E 机构将发生 Meta-norms^t − {metanorm}的变化,以及基于此 metanorm 的 contract−tem($\in$Contract-templs)的变化:Contract-templs^t − {contract-tem}。当担任某角色 role 的所有 Agent 某时刻都签订合同,并且承担 Agent 承担的规范不存在冲突,或者大多数承担 Agent 承担的规范不存在冲突时,并且合同里的经过协商的具体规范都支持角色 role 的抽象规范 metanorm

（$\notin$ Meta-norms）时，规范多 Agent 系统再次表现出外部可见的约束特征，即角色 role 中具备的抽象规范 metanorm 的约束特征（metanorm 实例化得到 Agent 承担的具体规范）。此时，动态 E 机构将发生 Meta-norms^t＋{metanorm}的变化，以及基于此 metanorm 的 contract-tem（$\notin$ Contract-templs）的变化：Contract-templs^t＋{contract-tem}。

假设在区间$[\tau,\tau']$上的任何 t，metanorm $\in$ Meta-norms^t，函数 Agr^t（Authority，$\wedge_{i=1}^m a_i. metn_i$，$[\tau,\tau']$）$\in\{1,-1\}$表示在时刻 t Authority 是否释放 Agent a1,a2,···,an（metanorm 所有承担者）在区间$[\tau,\tau']$上所承担的 metanorm 的规范实例（1 表示全部同意，－1 表示不是全部），τ'时刻对应的函数可以表示成：Authority$^{\models\tau'}$（$\wedge_{i=1}^m a_i. metn_i$，$[\tau,\tau']$）$\approx$V$\in\{1,-1\}$则 Meta-norms^t－{metanorm}的判断法则为：

Authority$^{\models\tau'}$（$\wedge_{i=1}^m a_i. metn_i$，$[\tau,\tau']$）$\rightarrow$ Meta-norms$^{\tau'}$＝Meta-norms$^\tau$－{metanorm}

同理可得：

Authority$^{\models\tau'}$（$\wedge_{i=1}^m a_i. metn_i$，$[\tau,\tau']$）$\rightarrow$Contract-templs$^{\tau'}$＝Contract-templs$^\tau$－{contract-tem}

假设在区间$[\tau,\tau']$上的任何 t，metanorm $\notin$ Meta-norms^t，函数 Bur^t（a1,a2,···,an，$\wedge_{i=1}^m a_i. metn_i$，$[\tau,\tau']$）$\in\{1,-1\}$表示在时刻 t Agent a1,a2,···,an 在区间$[\tau,\tau']$上分别承担的 metanorm 的规范实例 metn$_1$，metn$_2$，···metn$_n$（通过协商签约产生）不存在冲突，或者大多数规范实例不存在冲突（1 表示存在冲突，－1表示不存在冲突），τ'时刻对应的函数可以表示成：a1,a2,···,an$^{\models\tau'}$（$\wedge_{i=1}^m a_i.$ metn$_i$，$[\tau,\tau']$）$\approx$V$\in\{1,-1\}$此时规范多 Agent 系统外部已经表现出 metanorm 的约束，则 Meta-norms^t＋{metanorm}的判断法则为：

a1,a2,···,an $^{\models\tau'}$（$\wedge_{i=1}^m a_i.$ metn$_i$，$[\tau,\tau']$）$\rightarrow$Meta-norms$^{\tau'}$＝Meta-norms$^\tau$＋{metanorm}

同理可得：

a1,a2,···,an $^{\models\tau'}$（$\wedge_{i=1}^m a_i.$ metn$_i$，$[\tau,\tau']$）$\rightarrow$Contract-templs$^{\tau'}$＝Contract-templs$^\tau$＋{contract-tem}

3.2.3.2　动态 E 机构参数变化

作为 E 机构动态模型参数变化中的一个方面，PSERVICE 集合中元素的减少可以是担任某角色的 Agents 都不能或不能按要求提供某些参数所在范围内的某一个服务。例如,担任某一个角色的 3 个 Agents 都不能按违约率低于 5%的要求提供某些参数所在范围内的某一个服务以支持 pservice($\in$ PSERVICE),导致 PSERVICE^t-{pservice},这表明规范多 Agent 系统从外部特征上已经不具备提供某些参数所在范围内的 service 服务的能力。虽然在上一节对提供服务时的违约率作了要求(例如,按违约率低于 5%的要求提供某一个服务),但却没有限定参数所在范围,因而无法精确统计服务提供情况。例如,知识提供服务的时间参数可以为上午、中午、下午和晚上,虽然按天统计违约率时知识提供服务能够按违约率低于 5%的要求提供,但是在晚上时间段统计却不能按违约率低于 5%的要求提供。因而限定参数范围的服务违约率统计可以更精确统计服务的提供情况。导致 Agents 都不能按违约率低于 5%的要求提供某些参数所在范围内的某一个服务 service 的原因可以是 Agents 内部因素(自身不愿意提供服务)或者是环境因素(例如通信信道拥挤等),还可以是提供此服务的 Agent 数量的变化。对于由 Agent 能力的变化或者 Agent 数量变化而导致此服务违约率偏高,要求系统招募有能力提供支持 service 的 Agent。对于由 A-gent 的主观原因而导致此服务违约率偏高,则要求系统加大对 Agent 的惩罚力度以达到服务提供要求,提高可信度。而 PSERVICE 集合中元素的增加可以是担任某角色的某 Agents 由不能或不能按要求提供某些参数范围内的某一个服务变得能或能按要求提供此参数范围内的服务,或者是某 Agent 加入多 Agent 系统,并能够或能按要求提供此参数范围内的服务,而 Agent 提供的服务可以支持 pservice,但此时 pservice$\notin$ PSERVICE。此时就导致 PSERVICE^t+{pser-vice},这表明规范多 Agent 系统从外部特征上已经具备提供 pservice 服务的能力。

   担任某一个角色的 Agents 由不能按违约率低于 5%的要求提供某些参数范围内某一个服务 service 到能按此要求提供此参数范围内的服务是可能的。Agent 可以在多个 E 机构中担任角色,因而可以在多个 E 机构中提供此参数范围内的服务。此时违约率的统计应该考虑 Agent 在多个 E 机构中提供此参数范围内的服务对应的合同样本(合同执行成功或者失败)。虽然是相同参数范围内的相同服务,但每个 E 机构要求 Agent 提供此参数范围内的服务的要求是不一样的。例如,E 机构 E1 要求 Agent 提供此参数范围内的服务的违约率低于 5%,而 E 机构 E2 要求 Agent 提供此参数范围内的服务的违约率低于 8%。假如在 T1 时刻统计到 Agent 提供此参数范围内的服务的违约率为 6%,此时 Agent 不能按 E 机构 E1 要求提供此服务,但可以按 E 机构 E2 要求提供此服务。此后,Agent 继续按 E 机构 E2 要求提供此参数范围内的服务,并且违约率还在统计(按 E 机构 E2 的合同样本),如果在 Tx(x〉1)时刻统计到 Agent 提供此参数范围内的服务的违约率为 4%,此时 Agent 能按 E 机构 E1 要求提供此参数范围内的服务。导致 Agents 个体行为的变化可以是环境因素(例如由在 T1 时刻之前通信信道拥挤到 Tx 时刻不拥挤等因素),或者可以是系统的奖惩力度因素。

当担任某一个角色的所有 Agent 都不能按要求提供某参数范围内的服务以支持 pservice($\in$PSERVICE)时,规范多 Agent 系统将不再具有下列外部特征:通过 pservice 来支持的任务参数 ptask($\in$PTasks)、pservice 支撑的复合服务参数 pproc($\in$PProc-templs)以及对应的 pca($\in$PCAs)和 ptr($\in$PTrancondition)。此时,动态 E 机构发生下列变化:$PTasks^t - \{ptask\}$、$PProc\text{-}templs^t - \{pproc\}$、$PCAs^t - \{pca\}$ 和 $PTrancondition^t - \{ptr\}$。

当担任某一个角色的某个 Agent 由不能按要求提供某参数范围内的服务以支持 pservice($\notin$PSERVICE)到有能力提供时,规范多 Agent 系统将具有下列外部特征:通过 pservice 来支持的任务参数 ptask($\notin$PTasks)、pservice 支撑的复合服务参数 pproc($\notin$PProc-templs)以及对应的 pca($\notin$PCAs)和 ptr($\notin$PTrancondition)。此时,动态 E 机构发生下列变化:$PTasks^t + \{Ptask\}$、$PProc\text{-}templs^t + \{pproc\}$、$PCAs^t + \{pca\}$ 和 $PTrancondition^t + \{ptr\}$。

让函数 $jdg^t(Authority, \wedge_{i=1}^{n} P(a_i. pser, t)) \in \{1, -1\}$ 和 $jdg^t(Authority, \vee_{i=1}^{n} P(a_i. pser, t)) \in \{1, -1\}$ 分别表示 Authority 在时刻 t 判断 Agent a1,a2,…,an 的某参数范围内的服务 ser 是否都不满足违约率要求(1 表示满足违约率要求,-1 表示不满足违约率要求)和 Authority 判断 Agent a1,a2,…,an 的某参数范围内的服务 ser 是否存在一个满足违约率要求(1 表示存在一个违约率要求,-1 表示不存在),我们可以把这两个函数分别写成 $Authority \models^t \wedge_{i=1}^{n} P(a_i. ser, t) \approx V$ 和 $Authority \models^t \vee_{i=1}^{n} P(a_i. ser, t) \approx V$,其中 $V \in \{1, -1\}$。$[\tau, \tau']$ 和 $[\tau, \tau')$ 分别表示全闭和半开时间区间。假设在区间 $[\tau, \tau')$ 上的任何 t,pservice $\notin$ $PSERVICE^t$,同时函数 $jdg^t(Authority, \vee_{i=1}^{n} P(a_i. pser, [\tau, \tau']))$ 表示在时刻 t Authority 判断 Agent a1,a2,…,an 的此参数范围内服务 ser 在时间区间 $[\tau, \tau']$ 上是否有满足违约率的要求,而且 pser 在区间 $[\tau, \tau']$ 上是 pservice 实例,则 PSERVICE^t + {pservice}的判断法则为:

$Authority \models^{\tau'} \vee_{i=1}^{n} P(a_i. pser, [\tau, \tau']) \approx 1 \rightarrow PSERVICE^{\tau'} = PSERVICE^t + \{pservice\}$。

也可以得出：

$\text{Authority}^{\models \tau'} \bigvee_{i=1}^{n} P(a_i. \text{pser}, [\tau, \tau']) \approx 1 \rightarrow \text{PTasks}^{\tau'} = \text{PTasks}^{\tau} + \{\text{ptask}\}$,

$\text{Authority}^{\models \tau'} \bigvee_{i=1}^{n} P(a_i. \text{pser}, [\tau, \tau']) \approx 1 \rightarrow \text{PProc-templs}^{\tau'} = \text{PProc-templs}^{\tau} + \{\text{pproc}\}$,

$\text{Authority}^{\models \tau'} \bigvee_{i=1}^{n} P(a_i. \text{pser}, [\tau, \tau']) \approx 1 \rightarrow \text{PCAs}^{\tau'} = \text{PCAs}^{\tau} + \{\text{pca}\}$,

$\text{Authority}^{\models \tau'} \bigvee_{i=1}^{n} P(a_i. \text{pser}, [\tau, \tau']) \approx 1 \rightarrow \text{PTrancondition}^{\tau'} = \text{PTrancondition}^{\tau} + \{\text{ptr}\}$。

同理可得出 $\text{PSERVICE}^{\tau} - \{\text{pservice}\}$ 的判断法则为：

$\text{Authority}^{\models \tau'} \bigwedge_{i=1}^{n} P(a_i. \text{pser}, [\tau, \tau']) \approx 1 \rightarrow \text{PSERVICE}^{\tau'} = \text{PSERVICE}^{\tau} - \{\text{pservice}\}$,

$\text{Authority}^{\models \tau'} \bigwedge_{i=1}^{n} P(a_i. \text{pser}, [\tau, \tau']) \approx 1 \rightarrow \text{PTasks}^{\tau'} = \text{PTasks}^{\tau} - \{\text{ptask}\}$,

$\text{Authority}^{\models \tau'} \bigwedge_{i=1}^{n} P(a_i. \text{pser}, [\tau, \tau']) \approx 1 \rightarrow \text{PProc-templs}^{\tau'} = \text{PProc-templs}^{\tau} - \{\text{pproc}\}$,

$\text{Authority}^{\models \tau'} \bigwedge_{i=1}^{n} P(a_i. \text{pser}, [\tau, \tau']) \approx 1 \rightarrow \text{PCAs}^{\tau'} = \text{PCAs}^{\tau} - \{\text{pca}\}$,

$\text{Authority}^{\models \tau'} \bigwedge_{i=1}^{n} P(a_i. \text{pser}, [\tau, \tau']) \approx 1 \rightarrow \text{PTrancondition}^{\tau'} = \text{PTrancondition}^{\tau} - \{\text{ptr}\}$。

对于动态 E 机构的规范参数来说，情况则要更复杂些。由于担任某一角色的所有 Agent 都无法按要求提供服务或者按某参数所在范围提供服务，从而导致动态 E 机构服务集合或者服务参数集合元素减少，进而会影响 E 机构目标的可信度。对于由 Agent 的主观原因而导致 E 机构目标的可信度下降，则可以要求系统加大对 Agent 的惩罚力度以达到提高目标可信度的目的。对于由 Agent 能力的变化或者 Agent 数量变化而导致目标可信度降低，则可以要求系统招募有能力的 Agent。

现在假设 Agent 总是有能力提供服务，而 Agent 的主观因素在变化，如何调整规范的包括惩罚力度参数值在内的参数值，使得系统能够达到目标可信度范围？我们可以通过遗传算法来实现。

系统的目标可以用一组可数有限的不等式约束集合 $G = \{C1, C2, \cdots, Cp\}$ 来表示。其中，不等式约束 Ci 可以表示成 $g_i(V) \diamondsuit [m_i, M_i]$。$m_i$ 和 M_i 分别是区间的上下限；$\diamondsuit$ 代表 $\in$ 或 $\notin$；V 是参考变量，例如 V 是服务 service 的违约率；g_i 是参考变量的函数。

当系统有多个目标要满足时，可以产生多个目标的综合目标 $O(V)$：

$O(V) = \sum_{i=1}^{|G|} w_i \text{SQRT}(f(g_i(V), [m_i, M_i], \mu_i))$

其中，$1 \leqslant i \leqslant |G|$；$w_i$ 是权值，满足 $\sum w_i = 1$；SQRT 是平方根；$f(x,[m,M],\mu) \in [0,1]$，是满足某一目标的程度，可以表示成：

$$f(x,[m,M],\mu)\begin{cases} \mu/e^{k(m-x)/(M-m)} & x<m, \\ 1-(1-\mu)(m-x)/(M-m) & x\in[m,M], \\ \mu/e^{k(x-M)/(M-m)} & x>m \end{cases}$$

对于规范来说，$Ni(\in \text{Meta-norms})$ 的参数（包括惩罚力度参数）可以表示成：$(p_{i1},p_{i2},\cdots,p_{ij},\cdots,p_{iq})$，且 $1 \leqslant i \leqslant n$。其中 p_{ij} 是规范 Ni 的第 j 个参数。通过自动改变各个规范参数的值（包括惩罚力度参数）约束 Agent，使得系统的综合目标 O(V) 最大化。

假设每个 Agent 主观因素有 3 个，分别是 fulfil-prob、high-punishment 和 inc-prob。其中，fulfil-prob 是执行规范的初始概率，high-punishment 是 Agent 衡量某一个规范的惩罚力度高低的门槛值，inc-prob 是 Agent 初始概率的增加值。final-prob 是 Agent 实际执行规范的概率。当规范的惩罚力度大于 high-punishment 时，Agent 的实际遵循规范的概率 final-prob = fulfil-prob + inc-prob；当规范的惩罚力度小于 high-punishment 时，final-prob = fulfil-prob。

显然，对于系统中特定的 Agent 群体，由于此群体中的每一个 Agent 的 3 个主观因素是不一样的，因此为了达到 E 机构的特定目标，此群体对应的规范要有特定的参数值，规范对应的特定参数值由遗传算法学习得到。显然，对于不同的 Agent 群体，为了达到 E 机构的特定目标，对应的规范的参数值是不一样的。规范参数变换函数是 $\delta:(A \to B) \to (\text{PmetanormsA} \to \text{PmetanormsB})$。意思是，系统中参与协作的群体 A 变化到群体 B 时，为了达到 E 机构的特定目标，规范的参数值由群体 A 对应的参数值 PmetanormsA 变化到由群体 B 对应的参数值 PmetanormsB。此时动态 E 机构的规范参数的变化法则是：

$\vDash^{\tau'}(A \to B) \to ((\text{PMeta-norms}^{\tau'} = \text{PMeta-norms}^{\tau} + \{\text{PmetanormsB}\}) \wedge (\text{PMeta-norms}^{\tau'} = \text{PMeta-norms}^{\tau} - \{\text{PmetanormsA}\}))$

因此，我们所要做的事情是，通过遗传算法，得出 Agent 群体空间中不同群体对应的规范参数值，并把它们存储在规范参数数据库中，当 Agent 群体发生变化时，直接从规范参数数据库中读取对应的规范参数设置 E 机构的规范。

图 3.5 是用遗传算法演化系统中各个规范参数的过程。遗传算法的初始群体用 $\langle I1,I2,\cdots,In \rangle$ 来表示。其中，Ii 是第 i 个个体。每一个个体是规范参数的集合 $\{(p_{11},p_{12},\cdots,p_{1j},\cdots,p_{1m}),(p_{21},p_{22},\cdots,p_{2j},\cdots,p_{2m}),\cdots,(p_{n1},p_{n2},\cdots,p_{nj},\cdots,p_{nm})\}$。

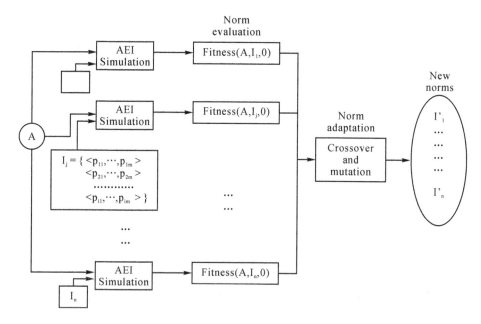

图 3.5　规范参数遗传算法

系统是在给定一组 Agent 群 A 中进行模拟的,给定的 Agent 群 A 的每一个 Agent 都有自己确定的初始概率 fulfil-prob,门槛值 high-punishment。

通过模拟测试 Simulation,系统计算出每一个个体的适应值 O(V),然后对群体进行交叉和变异,得到新的群体,如果得到的新群体中有个体满足目标要求则算法终止,否则新的群体进行下一个模拟测试,适应值计算,群体的交叉和变异,直至达到目标要求或者达到迭代次数为止。

3.2.4　动态 E 机构举例

例如,对于交通管理 E 机构,E 机构的目标就是保持撞车事故在范围[min, max]内。在参数变化方面,我们考虑状态 w,在此状态中撞车事故数>max,此时有 $w \vDash$ PMeta-norms$^-$(PEI^t, n) and $w \vDash$ PMeta-norms$^+$(PEI^t, m)成立,其中 n 和 m 是规范的惩罚参数,并且 m>n。当我们考虑状态 w′,在此状态中撞车事故数<min,此时有 $w′ \vDash$ PMeta-norms$^-$(PEI^t, p) and $w′ \vDash$ PMeta-norms$^+$(PEI^t, q)成立,其中 p 和 q 是规范的惩罚参数,并且 p>q。

考虑实例化条件的动态变化,例如,我们以静态元素 Domain-roles 为例,Domain-roles 实例化成 Domain-agents$_i$,实例化条件可以陈述如下:

Domain-roles×repu(agent, general)→Domain-agents$_i$

表明只有声誉至少为好的 Agent 才能担任相应的角色。

经过多 Agent 系统的运行,发现声誉为 general 的 Agent 经常出现违约的情况,于是通过动态调整实例化条件的参数,使得 Agent 担任角色的声誉由 general 变成 good,此时声誉一般的 Agent 不能进行注册(由 Authority 促进角色负责),声誉好的 Agent 才能进行注册,此时违约的频率下降。

3.3
E 机构运行协议

目前,对 E 机构的研究停留在一层实例层上,因此 E 机构对多 Agent 的运行的描述也仅仅停留在一层实例层上,比如,目前的 E 机构研究很好地描述了 VO 的组建过程。但是对于多层实例层的运行描述,现行 E 机构运行协议不提供支持。例如,售票交互系统是多层次的交互,不是单个售票员与单个旅客的交互,而是同一个时间段里多个售票员与多个旅客的交互。现行 E 机构无法提供协议支持售票交互系统整体运行情况。

在有能力减少违约、提高可信度的规范多 Agent 协同中,规范多实例层的运行,提出多实例层的运行协议,可以更好地预测系统要得到的全局目标,提高规范多 Agent 协同系统的可信度。

基于此,下面用动态逻辑描述多层实例层的多 Agent 的运行情况,以克服 E 机构对多 Agent 的运行的描述仅仅停留在一层实例层上的弊端。

3.3.1　E 机构运行协议语言 L^{RUNPRO}

语言的标识符至少要 Agent 标识符集 Ag(Agent 组标识标记为 X,Y,…)、角色标识符集 AR。P 是命题集(p)至少包括组织结构命题,即对任意的 r,s ∈ AR 和 i∈ Ag,rea(i,r)(agent i 担任角色 r)。语言包括原子动作集合 A(注意:一个服务可以分解成被调用,即消息发送动作、执行改变系统状态的本地动作和调用其他服务,即信息发送动作等原子动作)。原子动作符号用 a 来表示。还包括动态算子[]和算子 DO(表示下一步将发生)。原子动作至少包括 skip(什么都不做)MessageSend(i,j,Φ)(Agent i 向 Agent j 发送内容 Φ,内容可以是调用。

语言包括三个定义:动作表达式、动作事件表达式和命题表达式。

(1)动作表达式(α)集合可以用下面的 BNF 范式来表达:

α::＝a|skip|→α|α+α|α&·α|α;α

其中,skip 是空动作,→表示动作取反(→α 除 α 的其他动作),+表示选择算子,$\&$ 并发算子,$;$ 顺序算子。

（2）动作事件表达式（ξ）集合可以用下面的 BNF 范式来表达：

$\xi::=X:\alpha\mid\rightarrow(X:\alpha)\mid\xi+\xi\mid\xi\&\xi\mid\xi;\xi$

值得注意的是，动作算子和动作事件算子的记号都是$\rightarrow,+,\&,;$，但是下面的讨论告诉我们动作算子和动作事件算子是两类不同的算子。

（3）命题表达式（Φ）集合可以用下面的 BNF 范式来表达：

$\Phi::=p\mid DO(\xi)\mid\rightarrow\Phi\mid\Phi\wedge\Phi\mid[\xi]\Phi\mid rea(r,i)$

其中，$i\in Ag,r\in AR$。

3.3.2　多 Agent 运行模型

3.3.2.1　多层组织模型（ML）

多层组织模型 ML 可以定义成下面的元组：

$ML=\langle Roles\cup Agents,Rea\rangle$

其中，$Roles\cup Agents$ 是多层组织模型的角色和 Agent 集合，Rea 是 Agents $\times Roles$ 的子集，表明哪个 Agent 担任哪个角色。

3.3.2.2　多实例层的多 Agent 的运行模型（M）

模型 M 可以定义成下面的元组：

$M=\langle POW(Agent),A\cup skip,W,[[\ ]]_R,Run,\Pi,ML,J\rangle$

其中，$POW(Agent)$ 是多层 Agent 的非空幂集，表示 Agent 的所有可能的分组；$A\cup skip$ 是动作集；W 是所有可能的状态；$[[\ ]]_R$ 是一个函数 $Evt\times W\rightarrow POW(W)$，即对一个状态、动作事件的执行导致可能的状态集合，函数由 $[[\ ]]$ 和 R 两个函数复合而成，这两个函数将在下面的内容介绍；Run 描述了 Agent 系统的实际的运行情况：$Run=\langle W_0,\succ\rangle$，其中，$W_0$ 是 Run 可以到达的状态（$W_0\subseteq W$），$\succ$ 是在 W_0 上的长度为 n 的路径（序列$\langle w_1,w_2,\cdots,w_{n+1}\rangle$满足 $\forall w_i,\forall w_j,w_j\neq w_i$，并且 $\forall w_k,1\leqslant k\leqslant n,w_k\succ w_{k+1}$同时$(w_k,w_{k+1})\in[[\xi]]_R$）；$\Pi$ 是赋值函数：$\Phi\times W\rightarrow\{0,1\}$；ML 是上面定义的多层组织模型；$J=\langle Ja,Jr\rangle$，其中 $Ja:Ag\rightarrow Agents$，也就是 Agent 标识到 Agent 的映射，$Jr:AR\rightarrow Roles$ 的映射。

3.3.3 多 Agent 运行模型涉及的概念

3.3.3.1 同步集

同步集刻画的是一组 Agents(可以不同实例层)并发运行的动作事件(event),是集合 S 的元素,通常用 S_1,S_2 来标记。集合 S 可以定义如下:

$$S = POW(Agent) \times \{skip\} \bigcup POW(Agent) \times POW(A)$$

我们经常刻画具体哪一组的同步集,如 S_X 表示 Agent 组 X 并发运行动作事件。

3.3.3.2 步

步是反映系统中每一组 Agent 在某一时间的活动的快照,描述了所有 Agent 向前"移动"了一步。步是 Step 集合的元素,是同步集的集合(集合的势是 $2^n - 1$)。

Step 可以定义如下:

$$Step = \{\{S_X\}_{X \in POW(Agent)} \mid \forall X \in POW(Agent) : S_X \in S \text{ 并且}$$

$$\forall X, Y \in POW(Agent) : Y \subseteq X \Rightarrow act(S_Y) \subseteq act(S_X) \text{ 并且}$$

$$\forall X, Y \in POW(Agent) : act(S_Y) = skip \Rightarrow act(S_{X \bigcup Y}) \subseteq act(S_X)\}$$

其中,act 函数用来从同步集中还回动作集($act(X : \{a_1, a_2\}) = \{a_1, a_2\}$)。

3.3.3.3 步路径(synchronicity trace, s-trace)

为了表达顺序动作事件的语义,需要同步路径的概念,同步路径的集合可以定义如下:

$$T = \{\langle st_1, \cdots, st_n, \cdots \rangle \mid st_1, \cdots, st_n, \cdots \in Step\}$$

一同步路径 t 的长度记为 dur(t),一个动作事件的语义解释对应一个同步路径集合 T。T 的范围为 $T \in \varepsilon = POW(T)$。$\varepsilon$ 中的元素(同步路径集合)记为 $T_1, T_2, \cdots$。集合 T 的同步路径长度等于 $dur(T) = max\{dur(t) \mid t \in T\}$。

3.3.3.4 操作算子

设 $T_1, T_2, T \subseteq T$:

$$T_1 \degree T_2 = \{t_1 \degree t_2 \mid t_1 \in T_1, t_2 \in T_2\}$$

$$T_1 \copyright T_2 = \bigcup \{t_1 \copyright t_2 \mid t_1 \in T_1, t_2 \in T_2\}$$

$$T_1 \circledR T_2 = T_1 \bigcup T_2 \backslash \bigcup \{t_1 \copyright t_2 \mid t_1 \in T_1, t_2 \in T_2 \text{ 并且 } t_1 \neq t_2\}$$

$$\sim T = \begin{cases} \text{如果 } T \neq \varnothing, \sim T = \copyright \{\sim t \mid t \in T\} \\ \text{如果 } T = \varnothing, \sim T = Step \end{cases}$$

其中，$t_1{}^{\circ}t_2$ 定义成如果 $t_1 = \langle st_1, \cdots, st_n \rangle$，$t_2 = \langle st'_1, \cdots, st'_m \rangle$，那么 $t_1{}^{\circ}t_2 =$

$\langle st_1, \cdots, st_n, st'_1, \cdots, st'_m \rangle$；$t_1 \copyright t_2$ 定义成 $t_1 \copyright t_2 = \begin{cases} t_1, \text{如果 } t_2 \in start(t_1), \\ t_2, \text{如果 } t_1 \in start(t_2), \\ \varnothing, \text{其他}, \end{cases}$

其中给定一个同步路径，start 函数还回此同步路径的所有可能起始同步路径：
$start(t) = \{t' = t \text{ 或 } \exists t'' \neq \varnothing \text{ s. t. } t'{}^{\circ}t'' = t\}$；如果 $t = \langle st_1, \cdots, st_n \rangle$，那么 $\sim t = \bigcup_{1 \leqslant n \leqslant dur(t)} \langle st_1, \cdots, \sim st_n \rangle$，其中 $\sim st = Step - \{st\}$。

3.3.3.5 动作事件语义

动作事件语义可以通过函数 $[[\,]]: Evt \to \varepsilon$：

$[[X : \underline{a}]] = \{st \in Step \mid st = S_X, a \in act(S_X)\}$

$[[\xi_1 ; \xi_2]] = [[\xi_1]]{}^{\circ}[[\xi_2]]$

$[[\xi_1 + \xi_2]] = [[\xi_1]]\circledR[[\xi_2]]$

$[[\xi_1 \,\&\, \xi_2]] = [[\xi_1]]\copyright[[\xi_2]]$

$[[\to \xi]] = [[\sim \xi]]$

$[[skip]] = \{skip\}$

$[[X : \alpha_1 ; \alpha_2]] = [[X : \alpha_1]]{}^{\circ}[[X : \alpha_2]]$

$[[X : \alpha_1 + \alpha_2]] = [[X : \alpha_1]]\circledR[[X : \alpha_2]]$

$[[X : \alpha_1 \,\&\, \alpha_2]] = [[X : \alpha_1]]\copyright[[X : \alpha_2]]$

$[[X : \to \xi]] = [[\to X : \xi]]$

3.3.3.6 状态转换函数

状态转换函数 R 把动作事件的解释（同步路径）跟状态转换联系。状态转换函数 $R: \varepsilon \times W \to POW(W)$ 可以用下面的方式来定义：

$R(T, w_1) = \{w_2 \mid \exists t \in T \text{s. t.} \quad w_2 = R(t, w_1)\}$

其中对于一个同步路径的状态转换可以递归定义如下：

$R(st_1, w_1) = reach(st_1, w_1)$

$R(t_1{}^{\circ}t_2, w_1) = R(t_2, R(t_1, w_1))$

对于给定一个状态，函数 $reach: Step \times W \to W$ 通过一步到达的下一个状态，特别地：$reach(\{X : skip\}_{X \in POW(Agent)}, w) = w$。

3.3.3.7 公式语义

$M, w \vDash rea(a, r)$ iff $Rea(J(a), J(r))$

$M, w_1 \vDash [\xi]\varphi$ iff $\forall w_2 \in [[\xi]]_R(w_1)$: $M, w_2 \vDash \varphi$

$M, w_1 \vDash DO(\xi)$ iff $\forall w_2 \in W$, $w_1 \succ w_2 \Rightarrow w_2 \in [[\xi_1]]_R w_1$

3.3.4 评论

多层 E 机构运行协议克服了对多 Agent 的运行的描述仅停留在一层实例层上的缺点,刻画了多实例层的运行协议的轮廓。

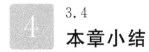

　　为了克服目前 E 机构描述只停留在一层（如抽象层）上，同时协同行为规范的制定仅仅从单实例层上对 Agent 的协同行为进行制约，本章定义了 E 机构的 E^{MLHYB} 模型，以求较全面地反映 Agent 交互协议，同时，E^{MLHYB} 机构制定的协同行为规范涉及对不同实例层之间的协同行为的制约，因而可以通过后面几章的实施机制减少不同实例层之间的协同违规行为的发生。为了克服目前 E 机构仅停留在静态模型上的缺点，本章定义了 E 机构的动态模型，以便反映 E 机构的动态调控情况。E 机构随环境和用户需求而需要动态调控，以减少违约事件的发生或者使得违约事件的发生控制在可控的范围内。这样就可以使得系统更加得可信并可靠。为了克服 E 机构对多 Agent 的运行的描述仅停留在一层实例层上的缺点，本章定义了 E 机构的多实例层运行协议。总之，只有全面、多层次、动态地描述 E 机构，并且描述 Agent 的多实例层运行情况，才能有效地调控和规范多 Agent 的服务协同，并减少违约事件的发生，从而使得多 Agent 系统更加可信。

第 4 章　供应链上规范实施事前机制

❮❮❮❮❮

4.1　多 E 机构系统供应链

4.2　基于规范的 n 纬空间下的服务匹配

4.3　本章小结

上一章讨论了混合多层次 E 机构模型、动态 E 机构模型和多层次 Agent 系统的运行协议。这些都是针对单 E 机构的 Agent 协同进行阐述的。事实上，人类社会同一个时间段存在多种机构制度。例如：每个学校的招生录取制度是不一样的；每个国家的服兵役制度是不一样的；每个公司的人事管理制度是不一样的，等等。Agent 社会作为人类社会的对应面，也应当有多个 E 机构存在于系统中。由于多个 E 机构的存在，在一个 E 机构约束和指导下的 Agent 可能要调用另一个 E 机构约束和指导下的 Agent 的服务，各个 E 机构设置的规范可能存在冲突等问题，这给服务寻求带来新的问题。

本章基于规范的服务匹配也可以看成是规范实施的一种机制，可看成是上一章的规范执行前实施机制的细化。

本章先阐述多 E 机构系统的特性，后叙述基于规范的服务匹配。

针对目前多 Agent 规范实施的事后机制（制裁或者奖励机制）不足导致的供应链可靠性降低，提出了基于扩展服务匹配的一种规范实施的事前机制。其思想是，第一，供应链上每个企业都遵守应用域服务分类标准，企业 Agent 受企业行为规范约束。两个不同企业可以提供相同或者相似（服务效果）的服务。第二，通过松散的匹配机制寻求更多的服务提供者。第三，在服务匹配中参照了规范，找到不导致服务寻求者规范违反或规范冲突的服务。该机制不但可以寻求更多合适的服务提供者，降低供应链断裂率，而且降低了供应链上违约率，更好适应供应链上的可靠协同。

多 E 机构系统供应链

供应链不可靠是指供应链出现断裂或者协同方违约。目前,有学者通过软件 Agent 研究供应链可靠性,但存在研究缺陷。(1)规范的实施机制基本都是事后实施,即是通过设置制裁规范对不轨 Agent 进行制裁[54,34]。此机制过于简单,不能有效应用在供应链中,以减少违约,很难提高供应链可靠性。而且,规范的事后实施存在着高风险性。(2)事前规范实施的研究仅仅局限于供应链上 Agent 行为可靠性,没有和非 Agent 行为因素预测研究结合[154-156],不能有效提高供应链的可靠性。(3)事前辅助规范实施通过单一协作和协调中心的单一匹配服务来寻求供应链上的服务协同者[157],容易出现找不到服务提供者,供应链容易出现断裂而使得供应链不可靠。

为此,本章提出了基于扩展服务匹配的供应链规范实施的事前机制,可以解决上述问题。其思想是:(1)供应链上每个企业都遵守应用域服务分类标准,代表企业的多 Agent 受企业行为规范约束。两个不同企业可以提供相同或者相似(服务效果)的服务。(2)通过多 E 机构(电子机构)[54]定义应用域服务分类体系和协调行为规范。建立统一的术语集和术语分类体系,作为应用域共享的基础本体论。各个企业遵循 E 机构定义。(3)通过松散的匹配机制找到精确服务提供者、相容服务提供者和相似服务提供者。精确服务提供者可以提供服务需求者需要的服务,相容服务提供者提供的服务包容了服务需求者的服务,相似服务提供者虽然提供了不同的服务,但服务的效果满足服务需求。(4)在服务匹配中参照了规范,找到不导致服务寻求者规范违反或规范冲突的服务。在所有松散匹配成功的服务中,有些服务是允许提供的或不导致规范冲突,有些是不允许提供的或导致规范冲突的服务。只有允许的或不导致规范冲突的服务是候选的服务。该机制不但扩展了服务匹配,提高了协同的松散性,避免供应链断裂,而且有效避免必然的违约,提高了供应链协同的可靠性。由于所有的措施都是提供服务之前进行的,所以称为规范实施的事前机制。

4.2

基于规范的 n 纬空间下的服务匹配

传统的服务匹配方法是在 Agent 自身不能提供服务时,去发现满足功能需求的服务。这种服务匹配的方法是不够的,因为即使是需要的服务找到,服务提供过程中相应的规范可能被违反,受此规范约束的 Agent 由于违反规范而受到重重惩罚。基于规范的 n 纬空间下的服务匹配的提出用来解决此问题的方法。在这种方法下,Agent 可以找到符合功能的需求服务,同时尽量避免规范违反的情况。我们从两个方面考虑此方法。一方面,我们通过多 E 机构(n 纬)构建分布式管理的环境。两个不同 E 机构可以提供相同或者相似(服务效果)的服务,但是对应的规范可能不同。服务匹配不单是在一个 E 机构内进行,可以在多个 E 机构内进行。找到的任何符合需求的服务只要不会产生规范违反的情况就可以作为一个候选服务。另一方面,我们在服务匹配中参照了规范。通过这种考虑,系统在 VO 组建时更加有效率,同时也提供了规范实施的一种预先机制。

4.2.1 引言

为了支持 VO 组建的快捷性[109],当自己不能提供服务时,Agent 必须很快发现满足需要的服务。在 VO 组建[111]过程的传统服务匹配方法[110,122]是发现满足功能需求的服务。但是,由于是在 E 机构管理环境下,Agent 可能会遇到禁止使用服务。在这种情况下,一种处理方法就是违反规范[112]。但是违反规范会带来惩罚(例如声誉问题),这将反过来对 Agent 协作起负面作用。另一个解决问题的方法就是提高规范一致性的级别,得到弱一致性[113,114]的规范。例如,促进角色 Authority 可以废除禁止规范,发布允许规范。但是在此方法中和 Authority 协商是一件费时的事情,经常协商失败,没有结果。传统匹配方法的另外一个缺点是匹配仅在一个 E 机构内[115—118]进行。当找到的需求服务被 E 机构内的规范禁止时,Agent 将处于尴尬的境地。

快速组建 VO,发现需要的服务并尽量不会出现规范违反的情况就是构建多 E 机构[119]并且在匹配的过程中考虑规范的情况。由于统一的服务描述好像不太现实,同时在互联网上统一的一个管理方式是近乎荒唐,因此,单一的 E 机构是不够的。同时由于两个不同 E 机构可以提供相同或者相似(服务效果)但不同的服务,但是对应的规范可能不一样,因此有必要提供在不同 E 机构中发现服务提供者的机制。在不同 E 机构中发现相同或者相似(服务效果)但不同的服务是我们关心的中心问题。通过发现服务,可能有三种不同的结果:(1)所有的 E 机构都不能提供需要的服务,不能找到服务提供者。在这种情况下,异常发生。(2)需要的服务可以由某些机构提供,并且在发现的服务中有些是允许提供的。在这种情况下,只有允许的服务是候选的服务。(3)需求的服务可以有某些 E 机构提供,但是没有一个服务是允许的。这是最糟糕的情况,此时要么进行规范删减(上一章的动态 E 机构),要么违反规范。

所以,我们扩展服务匹配方法,考虑规范的情况,同时使得服务匹配在多机构中进行:(1)细分应用域,并创建多 E 机构模型。(2)不同 E 机构描述服务时供、需方参照的专用本体论可以不同,但只要定义时引用的术语来自同一基础本体论,就可通过术语间的语义相容性检测去支持服务的相容匹配。(3)每一个服务都有其服务效果,不同服务可能有相同的服务效果。给定一个服务效果,我们可以通过 effect-service 映射找到对应的服务集,服务集中的服务可以由不同的 E 机构提供,因此给定一个服务效果,对应的服务可以在多个 E 机构中找到。(4)服务匹配过程要考虑规范的情况。每一个服务都有其对应的规范,包括义务、允许和禁止,并包括规范的触发条件。

4.2.2　系统概念和体系结构

4.2.2.1　服务相同、服务包含和服务相似

定义 4.1　在一个概念分类体系中,若相应于概念 A 的节点是相应于概念 B 节点的祖先,即 A 在 B 通往根节点的路径上,则称 A 语义包容 B,记为 B≺A。

定义 4.2　在一个概念分类体系中,称概念 A 和 B 语义相容,当且仅当 A 和 B 同义(A≡B)、A≺B 或 B≺A。

从以上定义可知,语义相容的概念处在具有相同根节点的概念分类体系中。怎样计算两个概念间语义相容程度呢? 一种比较直观的计算方法是将两个概念分别映射到本体后,根据概念的分类体系图,计算图上两个概念节点间的最短路径来确定概念的语义相容度。但是计算图上节点间的最短距离复杂度较高,采用 Dijkstra 算法和 Floyd 算法的复杂度分别为 $O(n^3)$ 和 $O(n^2)$[97]。所以,我们

采用一种简化的方法近似计算概念间语义相容度,主要通过概念的上下位关系来进行[98]。

定义 4.3 概念间语义相容度:$DC(C_i,C_j,O) = \dfrac{CS(C_i,O) \bigcap CS(C_j,O)}{CS(C_i,O) \bigcup CS(C_j,O)}$;

其中,C_i 和 C_j 表示位于本体中的两个概念;O 表示概念 C_i 和 C_j 所在的本体;CS 表示概念 C 在本体 O 中的上位概念集合(指它本身和它的祖先概念集合);$DC(C_i,C_j,O)$ 表示概念 C_i 和 C_j 在本体 O 中的语义相容度。

由 DC 定义可以看到,$DC(C_i,C_j,O) \leqslant 1$,且只有当 $C_i \equiv C_j$ 时,$DC(C_i,C_j,O) = 1$;而当 C_i 和 C_j 不存在公共的上位概念元素时,$DC(C_i,C_j,O) = 0$。图 2.10 所示为服务领域接待本体记为本体 M,则宾馆接待和交通接待概念的语义相容度为:

$$DC(宾馆接待,交通接待,M) = \frac{CS(宾馆接待,M) \bigcap CS(交通接待,M)}{CS(宾馆接待,M) \bigcup CS(交通接待,M)}$$

$$= \frac{\{接待\}}{\{宾馆接待,住宿接待,交通接待,接待\}} = \frac{1}{4} = 0.25$$

在定义了概念的相容性和语义相容度的基础上,进一步定义 agent 服务的相容度和匹配概念。

定义 4.4 组成服务名 SN_i 和 SN_j 中的概念或概念的集合是等价(或同义),称服务名是等价,记为 $SN_i \equiv SN_j$。形式化的描述如下:$SN_i = (C_i)$ 或 $SN_i = (C_1 \bigcup C_2 \cdots\cdots \bigcup C_n)$,$SN_j = (C_j)$ 或 $SN_i = (C'_1 \bigcup C'_2 \cdots\cdots \bigcup C'_n)$,其中,如果概念 $C_i \equiv C_j$ 或 $(C_1 \equiv C'_1) \bigcap (C_2 \equiv C'_2) \bigcap \cdots\cdots \bigcap (C_n \equiv C'_n)$,则称服务名 SN_i 和 SN_j 是等价的。同理,当 $C_i < C_j$ 或 $(C_1 < C'_1) \bigcap (C_2 < C'_2) \bigcap \cdots\cdots \bigcap (C_n < C'_n)$,则称服务名 SN_j 语义包含 SN_i,记为 $SN_i \subseteq SN_j$。反之则称服务名 SN_i 语义包含 SN_j,记为 $SN_i \supseteq SN_j$。

定义 4.5 组成 Agent 服务参数(PL)的是服务名的属性或其他概念。当组成服务参数的概念等价,而且由属性组成的服务参数的服务名也等价时,服务参数等价,记为 $PL_i \equiv PL_j$。如果作为参数的概念是语义包含的,而且由属性组成的服务参数的服务名概念也是语义包含的,则称服务参数 PL_i 语义包含 PL_j,记为 $PL_i \supseteq PL_j$。反之则称服务参数 PL_j 语义包含 PL_i,记为 $PL_i \subseteq PL_j$。

定义 4.6 服务约束比较是指给定两个 Agent 服务 S_i 和 S_j 具有等价的服务名和服务约束参数时进行,如果 AC_i 对服务约束范围包含 AC_j,则称 AC_i 包含 AC_j,记为 $AC_i \subseteq AC_j$,反之则记为 $AC_i \supseteq AC_j$。如果他们约束的范围相同,则记为 $AC_i \equiv AC_j$。

定义 4.7 给定 Agent 服务 $S_i = (SN_i, PL_i, AC_i)$ 和 Agent 服务 $S_j = (SN_j, PL_j, AC_j)$，如果满足 $SN_i \equiv SN_j$ 和 $PL_i \equiv PL_j$，而且 $AC_i \equiv AC_j$，则称 Agent 服务 S_i 和 Agent 服务 S_j 是等价关系。

定义 4.8 给定 Agent 服务 $S_i = (SN_i, PL_i, AC_i)$ 和 Agent 服务 $S_j = (SN_j, PL_j, AC_j)$，如果满足 $SN_i \equiv SN_j$ 和 $PL_i \equiv PL_j$，$AC_i \subseteq AC_j$，则称后一个服务包含前一个服务。

定义 4.9 给定 Agent 服务 $S_i = (SN_i, PL_i, AC_i)$ 和 Agent 服务 $S_j = (SN_j, PL_j, AC_j)$，如果 $\square = \{\subseteq, \supseteq, \subset, \supset, \equiv\}$，且满足下面一个或者两个条件：(1) $SN_i \square SN_j$，(2) $PL_i \square PL_j$，则称两个服务相似。

两个相似的服务的执行不一定产生相同的效果，当两个相似服务执行产生相同的效果时，则称效果相同的相似服务。

我们可以定义具有相同效果的两个服务。给定一个复合活动[120,121] CA = $(a_1 \cdot a_2 \cdots, a_i \cdots \cdot a_n) \equiv P/E$，其中·可以是并发运行 & 符号、随机选择 + 或者顺序符号；，规定 & 优先级最高，+ 次之，；最低，$a_1, a_2, \cdots, a_i, \cdots, a_n$ 是服务，P 是 CA 触发条件，E 是 CA 的效果，称 m 和 a_i 有相同效果，当且仅当 CA' = $((a_1 \cdot a_2 \cdots, m \cdots \cdot a_n)) \equiv P'/E'$ 且 P'=P 和 E'=E。此时，m 和 a_i 可以是不同的服务。例如，E 机构 i 和 E 机构 j 分别定义了 m = ellipse(u,v)，a_i = circle(r)，如果复合活动 CA = $(a_1 \cdot a_2 \cdots \cdot circle(5) \cdots \cdot a_n) \equiv P/E$，此时 a_i = circle(5)，让 m = ellipse(5,5)，则 CA' = $(a_1 \cdot a_2 \cdots \cdot m \cdots \cdot a_n) \equiv P'/E'$ 且 P'=P 和 E'=E，m 和 a_i 有相同效果的相似服务。

由于服务定义中定义了服务约束条件 AC，由此而确定了服务的特征（参数）槽集，也就是确定了服务参数的范围。我们可以定义服务适用情境描述模式 ACDP 以显式列举出服务提供了哪些参数服务。第七章小型会议例中用到下面的定义。

业务服务 bs 的 ACDP 可以定义成特征槽集：$ACDP^{bs} = \{fs_1^{bs}, fs_2^{bs}, \cdots, fs_n^{bs}\}$，其中 fs_i^{bs} 可以定义成一个元组：$fs_i^{bs} = \langle fsn_i^{bs}, tcs_i^{bs} \rangle$，而 fsn_i^{bs} 是特征槽 i 的名称，tcs_i^{bs} 则指示提供槽值的术语可选集，可以定义成 $tcs_i^{bs} = \{term_{i1}^{bs}, term_{i2}^{bs}, \cdots, term_{im}^{bs}\}$。此定义中 $term_{i1}^{bs}, term_{i2}^{bs}, \cdots, term_{im}^{bs}$ 是特征槽 i 的可能值。

AC(k) 是业务服务 k 的实例并可以定义成：$AC(k) = \{fs_1^k, fs_2^k, \cdots, fs_n^k\}$ 并且 $fs_i^k = \langle fsn_i^{bs}, tcs_i^k \rangle$，$tcs_i^k \subseteq tcs_i^{bs}$ 其中 k 是业务服务 bs 的实例。

4.2.2.2 系统体系结构

我们细分应用域，系统中有多个 E 机构，不同 E 机构描述服务时供、需方参照的专用本体论可以不同,但只要定义时引用的术语来自同一基础本体论,就可通过术语间的语义相容性检测去支持服务的相容匹配。就像第3章一样,多E机构体系结构可以用一个元组来描述:$M=\langle I_1,\cdots,I_n,I_F\rangle$。其中$I_i$是应用域E机构,$I_F$是促进E机构。$I_i$的定义同第3章的E机构定义,但为了便于匹配,对E机构$i(I=1,\cdots,n)$增加了相应内容:

- ID^i是E机构i的ID号,用来标识E机构i。
- E机构i的服务$Service^i$的定义中增加服务标识号SID^i。
- $MAPESTAB^i=\{Effect^i,B\text{-}Service^i,Cond^i,B\text{-}Service^k,Cond^k,AC^k,ID^k,NTriggerC^k\}^+$,其中$K(\in 1,\cdots,N)$是E机构ID,$ID^i$是E机构k的ID号,$Cond^i$是等效时$B\text{-}Service^i$的约束条件,$Cond^k$是等效时$B\text{-}Service^k$的参数约束条件,$AC^k$是$B\text{-}Service^k$的请求格式,$NTriggerC^k$是对应规范的触发条件。意思是$B\text{-}Service^i$和$B\text{-}Service^k$有相同的效果$Effect^i$。
- E机构i的规范定义为$Meta\text{-}norms^i=OB_{Rd}(\rho\leqslant\delta\mid\sigma)\mid FB_{Rd}(\rho\leqslant\delta\mid\sigma)\mid PM_{Rd}(\rho\leqslant\delta\mid\sigma)$,其中$Rd=Rid^k$。规范形式定义分别表示在条件$\sigma$成立时,E机构$k(\in 1,\cdots,N)$中的角色(Rid为角色ID号)Rd有义务、禁止或者允许在期限δ到期前调用E机构i中的某服务,使得ρ成立。

图4.1是多E机构系统。各个应用域E机构的其他元素没有画出,图中只描绘了MAPESTAB。MAPESTAB是具有相同服务服务效果的服务映射表。服务匹配促进Agent根据Agent注册的服务和E机构定义的MAPESTAB建立用于匹配的MAPESTAB,同时根据服务对应的E机构规范建立注册服务的调用约束。例如,机构1的服务S1、机构2的服务S2和机构3的服务S3有相同的效果E,那么这三个服务可以映射进MAPESTAB。如果Agent2想使用服务S1,而Agent2自身不能提供S1,于是Agent2向中介寻求匹配,中介Agent通过匹配发现没有S1的注册。于是中介找自身建立的MAPESTAB,找到不同的E机构中的相似服务给Agent2。下一节将详细讲述此过程。

4.2.3　匹配过程和例子

4.2.3.1　匹配前的准备

(1)Agent申请注册角色申请发布服务
- registering:$B\text{-}O\text{-}Agent\times\{Authority\}\times B\text{-}O\text{-}Role\nrightarrow R\text{-}E\text{-}Contract$,Agent($\in B\text{-}O\text{-}Agent$业务角色Agent)向社区管理Agent(Authority)注册承担

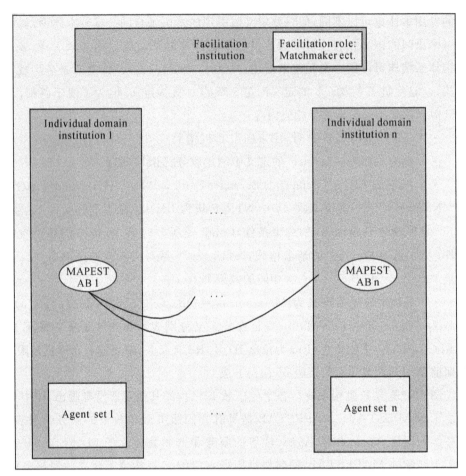

图 4.1　多 E 机构系统

业务操作型角色 bor($\in$B-O-Role)的意愿,并由此建立 Agent 承担 bor 的契约 rec($\in$R-E-Contract 角色合同)。这里 B-O-Role＝B-O-RoleD,B-O-RoleD 指示应用域 D 的业务操作型角色集。

· advertising:B-O-Agent $\times$ {Matchmaker} $\times$ B-Service $\nrightarrow$ S-C-Ad,Agent ($\in$B-O-Agent)向业务服务中介 Agent(Matchmaker)发送关于业务服务 bs($\in$ B-Service)提供能力(或需求)的信息(包括适用性约束),形成可由 Matchmaker 发布的 bs 提供能力(或需求)广告 sca($\in$S-C-Ad 服务广告库)。这里 B-Service ＝B-ServiceD,B-ServicesD 指示应用域 D 的业务服务集。

概括说来,对于申请注册的 Agent 来说,有以下几步:

①发送注册服务请求(Agent 对自己的服务接口和要承担的角色服务提供形式是认知的);

②接到 M 关于 Agent 服务接口和要承担的角色服务提供形式匹配成功的消息；

③与社区管理 Agent 签订角色合同；

④注册成功。

对于 Matchmaker 来说,有以下几步：

①对于注册的服务,把服务加入相应 E 机构提供的服务的广告库；

②根据 E 机构定义的 MAPESTAB 注册本 E 机构服务的 MAPESTAB。

对于 Authority 来说,有以下几步：

①产生社区角色合同,把角色合同加入到社区角色合同库；

②注册外机构(机构标号 k)角色请求某机构(机构标号 i)注册的服务时应遵守的 i 机构的规范(根据 i 机构的定义),并当外机构某角色请求 i 机构服务时,签订机构间服务合同,形成机构间的合同库。

（2）规范的触发条件

规范的触发条件可以定义成：

NC＝{InstancePattern | FunctionCall | RelationExpression | NotExpression | OrExpression}

NotExpression＝' Not(' InstancePattern|FunctionCall|RelationExpression ')'

OrExpression＝' Or(' InstancePattern|FunctionCall|RelationExpression|NotExpression ')'

FunctionCall＝'($ ' ComponentName.FunctionName{ParameterValue}')'

InstancePattern＝'(@ ' ConceptName {SlotName ';' SlotValue} ')'

RelationExpression＝'($ ' RelationName ParameterValue ParameterValue ')'

RelationName＝'>'|'='|'<'|'>='|'<='|'≠'

SlotValue＝['? '] String

ParameterValue＝['? '] String

其中,'$'是函数调用算子或是关系算子,'@'是概念实例算子,'？'是变量算子,使用时通常在变量标识符前面加上'？'来表示一个变量。

当服务请求者向 Matchmaker 发消息时,Matchmaker 除了进行服务匹配外,还根据请求者的请求服务对应的消息 Message 匹配 Authority 注册的规范触发条件 NC,如果 Message IN NC(Message 匹配规范触发条件是成功),则说明服务请求者以后请求该服务时,相应的规范会产生约束。详细的规范触发条件的匹配过程参见(4)匹配服务时规范冲突或者禁止判断的内容。

（3）精确匹配、包含匹配和相似匹配

当服务请求者向 Matchmaker 发消息时，如果 Matchmaker 进行的服务匹配符合定义 4.7，则 Matchmaker 匹配到的服务是精确匹配服务，如果 Matchmaker 进行的服务匹配符合定义 4.8，则 Matchmaker 匹配到的服务是包含匹配服务，如果 Matchmaker 进行的服务匹配符合定义 4.9，则 Matchmaker 匹配到的服务是相似匹配服务。

（4）匹配服务时规范冲突或者禁止判断

Matchmaker 要在服务请求者和服务提供者签订具体合同之前判断匹配到的服务在提供时是否存在潜在的规范冲突或者匹配到的服务被禁止提供的情况，只有这样，服务请求者才有可能避免潜在的规范冲突或者服务被禁止提供的尴尬。

Matchmaker 唯一可以得到的信息就是服务请求者签订的角色合同中的抽象规范以及 Authority 注册的外机构（机构标号 k）角色请求某机构（机构标号 i）注册的服务时应遵守的 i 机构的抽象规范（根据 i 机构的定义）。之所以这些规范称作是抽象规范，是因为服务请求者还没有跟服务提供者协商这些规范定义中的服务参数。这些规范定义中的服务参数经过服务请求者与服务提供者协商后，就得到服务请求者与服务提供者协商签订的合同具体规范。Matchmaker 就以这些抽象规范信息判断是否有潜在的规范冲突或者服务被禁止提供的情况。

首先，服务请求者在请求 Matchmaker 时的请求匹配消息中应该包括其所在的 E 机构、担任的角色、请求的服务描述和服务提供者数量（请求政策决定）。Matchmaker 根据请求匹配消息中的这些信息可以知道服务请求者签订的所在 E 机构 k 的角色合同中的抽象规范以及 Authority 注册的机构 k 中的角色请求服务提供者所在机构 i 注册的服务时应遵守的 i 机构的抽象规范（当经过服务匹配寻求到的服务提供者所在的 E 机构 i 不等于服务请求者 E 机构 k 时）。Matchmaker 根据这些信息分精确匹配、包含匹配和相似匹配三种情况分别判断禁止和冲突情况。

对于服务请求者请求的外机构服务是否被外机构规范禁止请求的判断，Matchmaker 首先根据服务请求者的请求消息得到请求者所在 E 机构和担任的角色，并根据请求的服务描述通过精确匹配、包含匹配或者相似匹配得到服务提供者的服务。通过 E 机构的定义可以得到服务提供者的服务对应的服务请求消息的格式。Matchmaker 根据这些信息得到概念实例（@condition Role "r"，

Ein "e",Message "m"),用此概念实例匹配提供者所在机构的机构间抽象规范的触发条件(对应一个概念模式)。如果匹配成功,并且得到的规范是禁止角色 r 请求的禁止规范,则 Matchmaker 得到外机构规范禁止请求的判断。

对于服务请求者请求的外机构服务是否存在规范冲突的判断,情况要复杂些。这里的规范冲突是指服务请求者已经签订的合同对应的规范跟服务提供者所在机构规定的机构间规范(针对服务请求者)的冲突。服务请求者已经签订的合同包括服务请求者所在 E 机构签订的合同(包括角色合同)以及服务请求者所签订的其他机构间合同。不失一般性,我们就以服务请求者已经签订的角色合同与本次服务请求对应的服务提供者所在机构规定的机构间规范(针对服务请求者)的冲突判断为例来说明。服务请求者已经签订的其他规范(包括服务请求者已经签订的所在机构的具体合同和非本次服务请求对应的已经签订的机构间合同)与本次服务请求对应的服务提供者所在机构规定的机构间规范(针对服务请求者)的冲突判断是类似情况,可以做类似判断。

对于通过精确匹配而进行的规范冲突的判断,首先 Matchmaker 通过匹配得知匹配到的服务就是所寻求的服务(此时匹配到的服务参数的约束条件与所寻求的服务参数的约束条件是相同的,服务名也相同)。于是 Matchmaker 根据请求 Agent 担任的角色和请求服务(也是寻求到的服务)对应的请求调用消息生成概念实例(@condition Role "r", Message "m"),用此概念实例匹配服务请求者所签角色合同对应的抽象规范的触发条件(对应一个概念模式)。如果匹配成功,得到请求者调用此服务时应遵守的请求者所在 E 机构的抽象规范约束,记为规范 N1。同时 Matchmaker 根据请求 Agent 担任的角色、请求者所在 E 机构和寻求到的服务(也是请求的服务)对应的请求调用消息生成概念实例(@condition Role "r", Ein "e",Message "m"),用此概念实例匹配服务提供者所在 E 机构的机构间抽象规范对应的触发条件(对应一个概念模式)。如果匹配成功,得到请求者调用此服务时应遵守的提供者所在 E 机构的机构间抽象规范约束,记为规范 N2。

对于通过 Matchmaker 用条件匹配得到的抽象规范 N1 和 N2,如果 N2 是义务规范,而 N1 是禁止规范,则 N1 和 N2 可能存在冲突情况。由于 N1 和 N2 是抽象规范,我们用带参数(参数有一定的取值范围)的动作或者状态来表示抽象规范的主体部分(主体部分是规定规范承受者有义务、允许或禁止执行某动作或达到某状态,是规范定义的非条件部分)。参数的取值范围刻画了规范的抽象性,也刻画了规范的辖域,表示抽象的动作或者状态,而非具体的动作或者状态。

用大写字母表示变量参数，用小写字母表示参数的具体值。例如变量 $X \in \{a, b\}$，$Y \in \{r, s\}$，$Z \in \{u, v\}$。让 $N1 = F(role, testmo(a, Y, Z))$，$N2 = O(role, testmo(a, r, Z))$，其中 testmo 表示动作或者状态。此时 N1 的辖域包含 N2，规范存在冲突。如果让 $N1 = F(role, testmo(a, Y, u))$，$N2 = O(role, testmo(X, r, v))$，则规范 N1 和 N2 的辖域不会相交，两个抽象规范不可能冲突。所以概括起来，有两种情况。第一种情况是两个规范都是状态规范或者都是动作规范，此时又细分成三种情况：(1)辖域包含，此时规范 N1 和 N2 冲突；(2)辖域有相交的部分，此时规范 N1 和 N2 对应的具体规范可能存在冲突；(3)辖域不相交，此时规范 N1 和 N2 不可能冲突。第二种情况是间接情况，也就是一个规范是动作规范，而另一个规范是状态规范，此时又细分成三种情况：(1)如果所有动作产生的状态都被另一个规范禁止，此时规范 N1 和 N2 冲突；(2)如果部分动作产生的状态被另一个规范禁止，规范 N1 和 N2 对应的具体规范可能存在冲突；(3)如果所有动作产生的状态都不被另一个规范禁止，此时规范 N1 和 N2 不可能冲突。

对于通过包含匹配而进行的规范冲突的判断，首先 Matchmaker 通过匹配得知匹配到的服务是包含服务(此时匹配到的服务参数的约束条件所确定的范围比所寻求的服务参数的约束条件所确定的范围要大，服务名是相同的)。此时，不宜根据请求 Agent 的请求服务对应的请求消息或寻求到的服务对应的请求消息去匹配角色合同的规范。于是 Matchmaker 根据请求 Agent 担任的角色和 Agent 的请求服务所达状态(效果)生成概念实例(@condition Role "r"，State "s")。此时的状态指的是变量的关系表达式。用此概念实例匹配服务请求者所签角色合同对应的抽象规范的触发条件(对应一个概念模式)。如果匹配成功，得到请求者调用此服务时应遵守的请求者所在 E 机构的抽象规范约束，记为规范 N3。同时 Matchmaker 根据请求 Agent 担任的角色、请求者所在 E 机构和寻求到的包含服务对应的请求调用消息生成概念实例(@condition Role "r"，Ein "e"，Message "m")，用此概念实例匹配服务提供者所在 E 机构的机构间抽象规范对应的触发条件(对应一个概念模式)。如果匹配成功，得到请求者调用此服务时应遵守的提供者所在 E 机构的机构间抽象规范约束，记为规范 N4。

规范 N3 和 N4 的判断情况与 N1 与 N2 的情况相同。

对于通过相似匹配而进行的规范冲突的判断，首先 Matchmaker 通过匹配得知匹配到的服务是相似服务(此时匹配到的服务与所寻求的服务满足定义 5.9 的一个或者两个条件)。此时，也不宜根据请求 Agent 的请求服务对应的请求消息或寻求到的服务对应的请求消息去匹配角色合同的规范。于是 Match-maker 根据请求 Agent 担任的角色和 Agent 的请求服务所达状态(效果)生成概念实例(@condition Role "r", State "s")。此时的状态指的是变量的关系表达式。用此概念实例匹配服务请求者所签角色合同对应的抽象规范的触发条件(对应一个概念模式)。如果匹配成功,得到请求者调用此服务时应遵守的请求者所在 E 机构的抽象规范约束,记为规范 N5。同时 Matchmaker 根据请求 A-gent 担任的角色、请求者所在 E 机构和寻求到的相似服务对应的请求调用消息生成概念实例(@condition Role "r", Ein "e", Message "m"),用此概念实例匹配服务提供者所在 E 机构的机构间抽象规范对应的触发条件(对应一个概念模式)。如果匹配成功,得到请求者调用此服务时应遵守的提供者所在 E 机构的机构间抽象规范约束,记为规范 N6。

规范 N5 和 N6 的判断情况与 N1 与 N2 的情况相同。

4.2.3.2　服务匹配过程(规范事前实施)

图 4.2 显示了匹配过程。服务匹配过程从寻求服务者向中介发寻求消息开始。如果 Matchmaker 进行的服务匹配符合定义 4.7,则 Matchmaker 匹配到的服务是精确匹配服务,如果匹配成功,则记录服务提供者,则对服务提供对应的规范触发条件(已经在服务注册时登记)检查。如果通过规范触发条件检查发现没有禁止或规范冲突,则 S 可以提供给寻求服务者组建 VO。如果通过规范触发条件检查发现出现禁止或规范冲突,此时中介记录此情况,以便以后处理。如果精确匹配不成功,则 Matchmaker 用包含匹配定义进行服务匹配,如果匹配成功,则记录服务提供者,则对服务提供对应的规范触发条件(已经在服务注册时登记)检查。如果通过规范触发条件检查发现没有禁止或规范冲突,则 S 可以提供给寻求服务者组建 VO。如果通过规范触发条件检查发现出现禁止或规范冲突,此时中介记录此情况,以便以后处理。如果包含匹配不成功,则中介通过查找建立的 MAPESTAB,找和 S 有相同服务效果的 S'^K(在 E 机构 K 中的角色提供),如果找到服务 S'^K,则查找 S'^K 的规范触发条件,如果没有禁止或规范冲突,则 S'^K 可以提供给寻求服务者组建 VO。如果通过规范触发条件检查发现出现禁止或规范冲突,此时中介记录此情况,以便以后处理。匹配的最后一步就是规范的处理(norm refinement)。最后这种情况是因为找到的服务提供者都出现禁止或规范冲突的情况,此时需要和 Authority 协商废除禁止规范,颁发允许规范,以至少使得规范保持弱一致。如果未能发现服务,则出现异常情况。

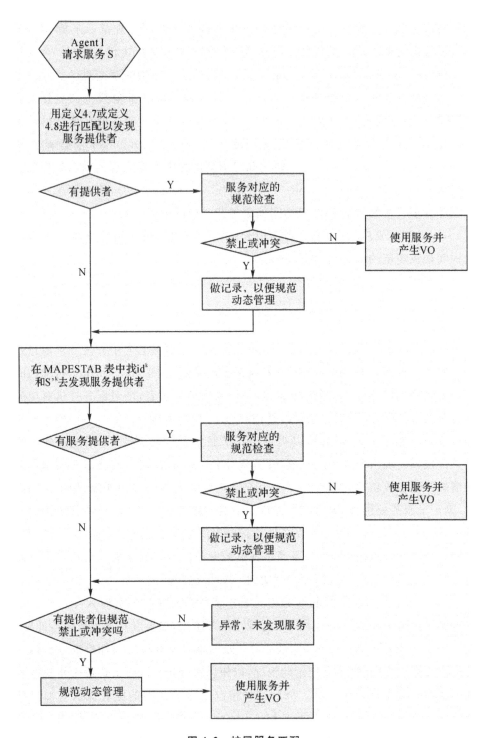

图 4.2 扩展服务匹配

114

4.2.3.3 举例

我们通过具体的 E 机构来说明这种匹配的使用。处在供应链上的一个科研电子公司,公司里有研究员工(研究 Agent)致力于为公司从事特定的研究目标。公司通过和研究 Agent 通过签订合同规定研究 Agent 的权利和义务。假设公司的制度规定研究 Agent 有义务把研究结果给公司,禁止研究 Agent 把研究数据暴露给其他公司(研究 Agent 有义务保持公司的数据机密)。为了完成科研任务,研究 Agent 要使用网上的科研服务 A(由供应链上其他公司提供),通过科研服务 A 的匹配发现只有电子公司 E1 的代理 Agent1 提供的服务符合要求;通过多 E 机构的本体定义,发现科研服务 A 的相似服务为 A′,通过科研服务 A′的匹配发现只有电子公司 E2 的代理 Agent2 提供的服务符合要求。此时出现两种情况:

电子公司 E1 的代理 Agent1 在提供此服务时不以追求商业盈利为目的,但是按照电子公司 E1 规范要求研究 Agent 把研究的数据公开,以便公众使用。

电子公司 E2(代理 Agent2)从事商业盈利为目的,不要求研究 Agent 把研究的数据公开,但是费用很昂贵。

我们假定从事商业盈利为目的的电子公司 E2 的费用已经为科研电子公司所预算(科研 Agent 已经和科研公司签订合同允许这种费用开销)。所以我们可以用基于规范的服务匹配过程,找到代理 Agent2 的服务,而且科研服务 A 的提供不会导致不可避免的规范违反情况,所以选择代理 Agent2 为科研 Agent 提供服务,有效避免了供应链断裂或者供应链违约。

本书提出了供应链上一种规范实施的事前机制。通过(1)通过精确服务、相容服务和相似服务定义松散服务匹配,以发现更多符合要求的服务提供者,避免供应链断裂。(2)通过服务匹配过程中参照规范,避免供应链违约。事例证明规范实施的事前机制能够有效地提高供应链的可靠性。

4.3
本章小结

传统的匹配过程至少有两个缺点：(1)匹配过程仅仅在一个 E 机构内,限制了匹配范围和潜在的协作者;(2)匹配过程没有考虑规范的情况,可能导致调用服务时违反规范,使得 Agent 处境"尴尬"。例如,胡军[110] 提出基于本体的匹配过程去找服务提供者,他提出概念相容度和服务相容度的概念。尽管如此,但是他没有涉及在多 E 机构进行服务匹配,同时没有考虑如何来避免规范禁止或者冲突的情况。Mario Gómez Martínez 也提到服务匹配过程,但是同样没有涉及在多 E 机构进行服务匹配,没有考虑如何来避免规范禁止或者冲突的情况。Martin J. Kollingbaum 和 Timothy J. Norman [113,114] 提出规范的弱一致(weakly consistent)、强一致(strong consistent)和不一致(inconsistent),但是没有考虑多 E 机构中具有相同服务效果的服务对应规范的弱一致性。与他们进行的工作相比,我们的工作有明显的优势:(1)考虑多机构的服务匹配情况;(2)在匹配的过程中考虑规范的禁止和冲突的情况;(3)通过效果影射机制来发现不同 E 机构提供的服务,使得协作更加松散,从而有机会发现更多的服务提供者。正是因为如此,我们的服务匹配过程更加适应规范多 Agent 系统的使用。

第 5 章　DRQS_{HCT}Agent 支持的 VO 及其演化

❮❮❮❮❖

5.1　引言

5.2　DRQS_{HCT}Agent 模型及形式化定义

5.3　DRQS_{HCT}Agent 的协作机制 (模型指导下的 VO 组建过程)

5.4　实例与实验分析

5.5　相关比较

5.6　评论

5.7　DRQS_{HCT}Agent 支持下的 VO 演化机制 DRQS_{HCT}^{ENV}

5.8　本章小结

附件　第三方推荐信任检验框架

面临市场竞争压力,企业亟需按资源优势互补的原则,动态组建企业联盟,以便敏捷地应答市场的需求和变化,赢得竞争。代表企业的互联网上 Agent 通过组建 VO 实现资源共享和协同问题求解,但却由于自治个体行为难以预测和控制而导致"可信"危机。为了减少因合同违约带来的协同问题求解的风险,本章提出 DRQS$_{HCT}$ Agent 模型。本章内容分成三个方面:(1)提出 DRQS$_{HCT}$ Agent 模型;(2)DRQS$_{HCT}$ Agent 模型指导下的 VO 组建;(3)VO 演化过程。

5.1
引言

目前,Agent 的自治性、主动性和社会性等技术特性的应用已经成为分布式协同求解(如协同设计)的重要手段[123-124],但却由于自治个体行为难以预测和控制而导致"可信"危机。危机的解决办法是引入规范,使得尽管 Agent 自私地追求本地业务目标,且其内部结构和活动对外不可见,但只要个体都遵从行为规范,就可预测这些个体完成拟定的全局目标。然而,如何确保 Agents 都遵守协同行为规范,仍然是可信协同面临的挑战性问题。毕竟只要存在少数行为不轨的 Agents,也会导致服务协同失控。解决办法可以是违规制裁或者演化处理,可以通过 Agent 完成任务时的质量检查和自动处理故障以及演化来实施,或通过设置制裁规范对不轨 Agent 进行制裁[125,54]。鉴于 VO[54](虚拟组织)包含的多个服务协同存在或多或少的依赖关系,如数据传递、时序等,不轨行为导致履行规范的失败必将影响柔性演化(即演化是柔性的,意指演化的可伸缩性:小到修改服务供需计划、大到更换服务提供者甚至业务活动分支)或制裁的效果,甚至导致 VO 非正常解散。这类对规范违反的事后处理方式没有事先对 Agent 的行为进行评估,具有"高风险"的特点。因此,需要事先对协作 Agent 的合同及其履行历史进行评估,选出品行和服务质量符合要求的 Agent 进行任务分配,这样就可以减少合同违约,提高可信度。在考虑信任的系统中,系统设计者或是仅仅考虑底层的缺乏智能的 Web 服务的信任关系[126-128],却没有智能体 Agent 的信任关系,或是考虑了智能体 Agent 的信任关系[129-130],但在计算 Agent 信任度的合理性和可操作性还存在欠缺,没有考虑 Agent 的方案信任度。基于以上原因,现行协同系统不能很好地针对上述问题建立 Agent 模型,因此不能很好地适应开放环境下规范履行所要求的高可靠性和高服务性能。

本章提出 DRQS$_{HCT}$ Agent 模型,其信任模型基于合同,使得模型在计算 Agent 信任度和方案信任度方面更具合理性和操作性,它使得协作既可信又可靠,规范实施的风险大大降低。DRQS$_{HCT}$ Agent 有以下特点:(1)用合同 T 表达 Agent 的外部行为约束;(2)用服务合成 Q 和处方 R 产生 Agent 执行任务的各个可能方案;(3)用共享的合同履行历史记录 H(以下简记 H)记载 Agent 以前提供服务的状况;(4)在直接信任方面,定义品行信任和服务信任,使得主控 Agent(进行任务分配的 Agent)有主观选择的依据,并定义多个服务信任度以解决一个服务信任度掩盖另一个服务信任度的问题;(5)通过群体推荐来克服个体推荐度低和个体链重复推荐的缺点;(6)计算方案的信任度,选出(D, decision)最可靠的方案,跟服务提供者签订合同,并调度任务执行;(7)产生此方案的服务提供者的共享历史记录;(8)通过柔性演化增强组织稳定性。

SRQ$_{HCT}$ Agent 针对性地考虑了开放环境下系统对减少违约、提高可信度的需要,从合同执行角度考虑了 Agent 信任的合理性和可操作性,更加适合开放式环境下可信协同。

5.2

DRQS_{HCT} Agent 模型及形式化定义

5.2.1 Agent 能力 C、签订的合同 T 和合同履行历史 H

在 DRQS_{HCT} Agent 模型中,"能力"是指 Agent 的服务的描述,包括服务名、综合信息、参数列表、应用约束和协作伙伴适用条件等描述。其形式化定义如下:

〈Cap〉::=(Category,ServiceID,AppConstraints,ColConstraints,Params)

〈Category〉:=(Classification,{〈CatAspect-Name〉Category-name}$^+$)

〈CatAspect-Name〉:={ " GeopoliticalRegion " | " GeneralCategory " | " ProvisionCategory "}

〈AppConstraints〉:=〈Constraints〉

〈ColConstraints〉:=〈Constraints〉

〈Constraints〉:={([" AND " | " OR "] {(〈Concept-Pattern〉 | 〈Constraints〉)}$^+$)}$^+$

〈Concept-Pattern〉:=([〈Ontology〉:] 〈Concept〉{〈Slot-Pattern〉}$^+$ [〈Predicate-Formula〉])

〈Slot-Pattern〉:=(Slot-name,{value | 〈Var-Constraint〉| 〈Concept-Pattern〉})

〈Var-Constraint〉:=(Var-name,〈Pred-Formula〉)

〈Params〉:=(" In-Params:"{〈DataType〉}$^+$, [" Out-Param:" 〈DataType〉])

〈DataType〉:={Base-type|[〈Ontology〉:]〈Concept〉}

其中,Category 表示服务属于的应用域目录分类,ServiceID 是服务号,AppConstraints 表示服务提供满足的应用适用条件,ColConstraints 表示协作伙伴应满足的适用条件,Params 表示任务执行的输入输出参数。

合同是服务提供者和服务使用者(服务供需合同)或 Agent 和组织(角色承担合同)之间因协作的需要达成的一种协议。其形式化定义如下:

〈Con〉::=(Infor,Cpp)

〈Infor〉:=(ContractID,ServiceID,RequiringAgent,ProvidingAgent,AuthorityAgent，SignatureTime，ExpirationTime）

〈Cpp〉：＝（{CClause}⁺）

其中 Infor 是合同基本信息，包括合同号、服务号、请求 Agent（服务需求者）、提供 Agent（服务提供者）、合同管理 Agent、签订合同时间和合同到期时间等，Cpp 是合同履行协议，CClause 是规范，可以是 $OB_a^{Con}(\rho \leqslant \delta | \sigma)$、$FB_a^{Con}(\rho \leqslant \delta | \sigma)$ 和 $Pb_a^{Con}(\rho \leqslant \delta | \sigma)$，分别指示合同 Con 的签约者 a 在 σ 满足条件下，于 δ 指示的截至期限前有义务使、禁止使、或有权使 ρ 由假变真。

H 就是合同规范的执行状况历史。其形式化定义如下：

〈His〉：：＝（〈Con〉，〈state〉）

　　〈state〉：＝{EAgent，CCNum，Message，StatTyp，StatDes}*

其中 Con 是合同，state 是执行合同的状态，CCNum 是规范号，Eagent 是执行 CCNum 的 Agent，Message 是 Eagent 为执行服务 ServiceID 而发送的相应消息。虽然发消息不能确保规范对应的目标状态一定达到，但却说明 Agent 是否去兑现承诺，是衡量品行的标志。StatTyp 指示执行状况的类型（成功、失败），由合同引擎（下面章节涉及）或社区促进 Agent（负责监控、制裁、注册等促进服务的 Agent）检查规范是否执行成功，是 Agent 的服务信任样本，StatDes 则给出执行状况的描述。注意：一个合同状态中所有 Message 都是成功样本时才对应一个品行成功样本，否则为一个品行失败样本。一个合同状态中所有规范执行状态为成功样本时才对应一个 ServiceID 成功样本，否则为一个 ServiceID 失败样本。

5.2.2　处方 R、服务合成 Q、共享信息 S 和分配方案选择机制 D

"处方"是定性的任务分解和执行流程定义，通过它可以把一个复合服务或者是复合任务定性地分解成多个子任务。其形式化定义如下：

　　〈Recipe〉：：＝（AppTarget，ExePlanning ）

　　〈AppTarget〉：＝ 〈Cap〉|〈TaskDes〉

　　〈ExePlanning〉：＝{〈PlanSteps〉|（" loop "〈PlanSteps〉）}⁺

　　〈PlanSteps〉：＝{（←{return|〈OperCall〉}〈Cond〉）|（← 〈OperationSet〉

　　[〈Cond〉]）|

　　（or{←〈OperationSet〉[〈Cond〉]}⁺）}⁺

　〈OperationSet〉：＝（{" sequence "|" concurrency "}{←〈OperCall〉[〈Cond 〉]}⁺）

⟨OperCall⟩ : = ([⟨Agent⟩;] ⟨Sub-task⟩ {⟨Param-Value⟩}*)

⟨Sub-task⟩   : = ⟨TaskDes⟩

⟨TaskDes⟩ : = (⟨Category⟩，⟨AppConstraints⟩，⟨Params⟩)

⟨Cond ⟩ : = ⟨ Pred-Formula ⟩

其中，ppTarget 指处方的应用对象，可以是复合服务或者称能力 Cap，也可以是复合任务 TaskDes；ExePlanning 是处方的规划，由规划步 PlanSteps 组成；规划步 PlanSteps 由顺序或者并发的操作调用来执行；Sub-task 是分解后的子任务，可以是子服务或者子服务的调用消息；Param-Value 为调用的参数值。

"服务合成"是某个服务或者任务在量上无法由单个 Agent 独立完成，从而需依据 Agents 能提供的子服务从量上进行任务分解和执行流程定义[26]。其形式化定义如下：

⟨ServiceCom⟩ : : = (Service,PreProcessing, SubServices, Schelogic, Composition,
         PoProcessing)

   ⟨Schelogic⟩ : = { ⟨PlanSteps⟩ | (" loop "⟨PlanSteps⟩) }+

   ⟨PlanSteps⟩ : = {(←{ return |⟨OperCall⟩}⟨Cond⟩) | (←⟨OperationSet⟩
         [⟨Cond⟩]) |(or{←⟨OperationSet⟩[⟨Cond⟩]}+)}+

   ⟨OperationSet⟩ : = ({ " sequence " | " concurrency " } {←⟨OperCall⟩
         [⟨Cond⟩]}+)

   ⟨OperCall⟩ : = ([⟨Agent⟩;] ⟨Sub-task⟩ {⟨Param-Value⟩}*)

   ⟨Sub-task⟩   : = ⟨SubService⟩

   ⟨Cond⟩ : = ⟨Pred-Formula⟩

其中，erviceCom 是服务合成；Service 是要从量上进行分解的服务或任务；SubServices 是用于量上合成的子服务；Schelogic 是子服务的调度逻辑；Composition 是合成算法；PreProcessing 指服务合成前进行的预处理；PoProcessing 指服务合成后进行的后处理，如验证是否达到合成要求等。子服务参数值的赋值取决于待合成服务的量(参数值)，通过映射得到。从待合成服务的量到参数值的映射以及子服务的合成逻辑则由合成算法解决。合成算法是应用相关的，要根据实际的系统具体设计。

共享信息包括 H 和广告。H 共享在社区里，供需要查询的 Agent 查询。共享的 H 记录格式定义如下：

   ⟨History⟩ : : = {⟨His⟩}*

"广告"，也即 Agent 协作能力广告，是 Agent 向其他 Agent 或中介 Agent

发送的关于己方有意愿对外提供的能力描述。广告的格式定义如下：

⟨Advertisement⟩ ∷ ＝ (⟨AgentInfo⟩，C：⟨⟨Capability⟩⟩ *)

AgentInfo 是 Agent 的描述信息，如 Agent 号等；Capability 是指 Agent 的能力，一般指的是 Agent 所能提供的服务。

选择机制 D 负责从可能方案中选择一个分配方案来分配任务。

直接分配是把任务分配给一个有能力完成此任务的 Agent 去执行。形式化表示如下：

⟨DDS⟩ ∷ ＝ (Task，Agent)

Task 是要分配的任务；Agent 指有能力完成此任务的 Agent。

非直接分配是把任务一次或多次通过处方和(或)服务合成进行分解，再把子任务集分配给 Agent 集去执行。形式化表示如下：

⟨IDDS⟩ ∷ ＝ (Task，Decom，Agents)

⟨Decom⟩ ∷ ＝ {Recipe | ServiceCom} +

Task 是复合任务；Decom 是任务分解，可以通过处方 Recipe 或者服务合成 ServiceCom 来进行分解，或者综合处方 Recipe 和服务合成 ServiceCom 来进行分解；Agents 是能够完成分解后的子任务集的 Agent 集合。

例如，制造三个照明饭盒处方由制造三个饭盒本身(由 Agent1 完成)、制造三个电筒(要量上分解)和三个集成制造(由 Agent4)组成。Agent2 和 Agent3 各只有一个和两个电筒制造能力，于是用服务合成进行分解(量上分解)，产生一个和两个电筒制造子任务由 Agent2 和 Agent3 各自完成。当有多个量上分解方案时，由选择机制进行选择。

选择机制 D 是根据协作 Agents 的合同履行历史从 DS(DDS 和 IDDS)中选择一个分配方案为协作 Agent 分配任务。由于协作 Agent 具有智能性并提供多个服务，因此从协作 Agent 品行和服务信任度两个方面定义直接信任，两者之积便是对应服务的实际信任度。这样，当实际信任度相等时，主控 Agent 根据协作 Agent 的品行和服务信任度的不同进行主观选择。通过定义多个服务信任度以解决协作 Agent 的一个服务信任度掩盖另一个服务信任度的问题。由于合同执行过程中涉及合同规范执行状态的自查与互查，同时当状态的自查与互查存在冲突时，由促进 Agents 进行裁决[54]。例如 Agent1 有义务汇款 300 元到 A-gent2 的指定账号(促进 Agent 共享资源)，Agent1 通过汇款单自查，认为已经执行好义务。Agent2 通过自己的账号进行互查而否认，于是向 Bank 发冲突消息，Bank（促进 Agent）负责检查 Agent2 账号有无记录（规范执行状态）进行裁决谁虚报事实。因此，推荐信任度由参与合同的三方或多方（包括促进 Agent）群体推荐。定义如下：

〈DSDM〉 ::= (History，CreModel，ReCreModel，RecmD，DsCre，AbitraV，DS，ds，Directing，RecmDing，InDirecting，InAndDing，DsCreing，Deciding)

History 是合同履行历史集；

CreModel 是基于 History 协作 Agent 的信任模型，可表示成：

〈CreModel〉 ::= (MoralCre，$ServiceCre_1$，$ServiceCre_2$，…，$ServiceCre_n$)
其中，MoralCre 是品行信任度，$ServiceCre_1$，$ServiceCre_2$，…，$ServiceCre_n$ 是协作 Agent 的 n 个服务信任度

ReCreModel 是协作 Agent 的实际信任模型，形式化表示成：

〈ReCreModel〉 ::= ($ReServiceCre_1$，$ReServiceCre_2$，…，$ReServiceCre_n$)
其中，$ReServiceCre_i = MoralCre \times ServiceCre_i$

$RecmD = \langle rd_1, rd_2, \cdots, rd_n \rangle$ 是第三方 Agents 的推荐度，rd_i 是 Agent i 的推荐度，$0 \langle = rd_i \langle = 1$；

DS 是任务的所有分配方案集；

$DsCre = \langle dc_1, dc_2, \cdots, dc_n \rangle$ 是方案信任度，$0 \langle = dc_i \langle = 1$；

AbitraV 是冲突消解规范违反记录；

Ds 是选择出来的唯一一个执行方案；

Directing：History→CreModel→ReCreModel 是直接信度计算，品行信任度是通过协作 Agent 服务的 Message 样本来计算的，每个服务的信任度是通过本服务的执行对应状态样本来计算，计算方法可以采用证据理论中的似然函数法、贝叶斯概率法或者计分法，同时要考虑到一条冲突消解规范违反记录折算成几条品行失败和服务失败记录；

RecmDing：$rd_1, rd_2, \cdots, rd_n$→mrd，$0 \langle = mrd \langle = 1$，是群体多数一致推荐度计算。由于协作双方的自查和互查，同时促进 Agent 的裁决，使得群体推荐度（一般是 3 个 Agent 推荐）比单个 Agent 的推荐度要大。计算方法可以为 $mrd = M + (\sum_{j \neq c} rd_j / \sum_i rd_i)(1 - M)$，其中 M 为序列 $rd_1, rd_2, \cdots, rd_n$ 中的最大元素，C 为 M 在序列中的下标，式中分子为除 M 外所有序列元素和，分母为所有序列

元素和。显然，mrd〉rdi。

InDirecting：$mrd^j \times (ReCreModel)_i \to (InReCreModel)_i^j$ 是群体 j 关于服务 i 实际推荐信任度计算；

InAndDing：$\lambda_i (ReCreModel)_i + \sum_{j \neq 1} (\lambda_j (InReCreModel)_i^j) \to Total_i$ 是协作 Agent 服务 i 的总信任度计算，其中 $\sum_j \lambda_j = 1, 0 < \lambda_j < 1$；

DsCreing 是方案信任度计算，每一个方案都是通过协作 Agent 的服务总信任度的顺序、分支、并行和循环结构的组合来计算的（方案的组合结构由处方和服务合成算法决定）。如果采用证据理论中的似然函数法计算，则采用论文[126]中的方法计算，如果采用贝叶斯概率法，则采用论文[127]中的方法计算，相应方法中的 Web 服务改成 Agent 服务。

Dcciding：DS，DsCre $\to$ ds 是方案选择函数。

5.2.3 DRQS$_{HCT}$Agent 模型定义

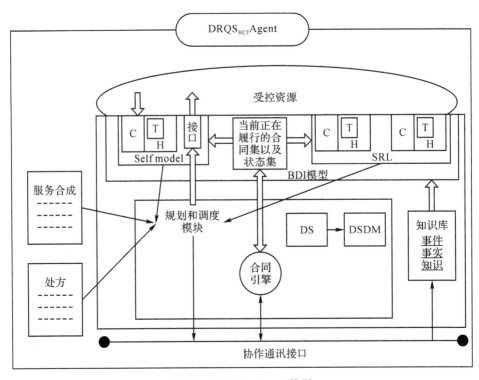

图 5.1 **DRQS$_{HCT}$Agent 模型**

DRQS_{HCT}Agent 模型扩展了传统的 BDI 心理和推理模型（如图 6.1 所示）。模型可以定义为 11 元组：

DRQS$_{HCT}$Agent ∷＝(CR,FKB,RD,SCOM,CON,POLICY,DS,DSDM,BDI,PSM,CCM)

CR：受控资源，是受 Agent 管理的各种可用资源；

FKB：知识库，包括和当前任务相关的动态信息和任务无关的静态知识；

RD：处方库，是面向应用域的处方集合；

SCOM：算法集，是各个领域的服务合成算法集合；

CON：是 Agent 当前签订和正在履行的合同集合；

POLICY：政策集，使得 Agent 能够遵循其主人的意愿，图 6.1 中未标出；

DS：方案集，是 Agent 为处理当前任务而产生的任务分配方案集合；

DSDM：分配方案选择机制，是 Agent 从 DS 选择一分配方案去调度执行的方案选择机制；

BDI：心理模型，在传统 BDI 心理模型的基础上，构建了自身模型 SM、熟人模型 SRL 和当前合同集及其履行情境集 CAS，SM 表示 Agent 对于自身的认知，SRL 表示对其他 Agent 的认知。

SM 定义为自身 Agent 信息、资源接口、能力和历史记录组成的四元组：

SM ∷＝(⟨AgentInfo⟩,⟨ResourceInterface⟩,⟨Capability⟩,⟨History⟩)

SRL 定义为其他 Agent 的共享信息集，包括广告记录列表和合同履行历史集：

SRL ∷＝{⟨Advertisement⟩,⟨History⟩}$^+$

CAS 定义为当前合同集及其状态集：

CAS∷＝{ ⟨Con⟩,⟨state⟩}$^+$

PSM：规划和调度模块，规划和调度依据 BDI 心理模型的当前心理状态和协作的处方以及服务合成得出 DS，同时依据 DSDM 和历史，得到唯一方案并调度执行，并通过合同引擎完成(1)合同的签订，(2)当前合同履行情境的状态写入，(3)合同履行状态通报，向对方 Agent 通报己方规范的履行状态，(4)检查己方和对方规范的履行状态，或举报对方，(5)请求社区促进 Agent 备案已处理完毕的合同及其状态，以便其他 Agent 同步其 SRL，(6)合同处理完毕后，把自己执行的规范的状态并入自身模型，把其他 Agent 执行的规范的状态并入熟人模型。

CCM：协作通讯模块。

5.3

DRQS$_{HCT}$ Agent 的协作机制
(模型指导下的 VO 组建过程)

DRQS$_{HCT}$ Agent 模型的协作决策机制流程如下(本机制可以考虑信任度阈值,即当要求品行或服务失败次数小于某个值时,协作 Agent 至少需要的信任度值,考虑本机制对方案信任度进行了排序,所以允许以信任度最高的方案做一协作尝试):

Step 1. 对于请求的任务,根据 SM 判断是否可利用本地资源独立解决任务。如果是,则不需要协作,独立处理任务并将结果返回给用户。

Step 2. 形成 DDS 方案集。通过 SRL 和中介 Agent 判断是否存在某个 A-gent 的能力可匹配任务的适用性情景。方案集合为 DDS = {(task, P) | Type(P) = Agent ∧ BEL$_{SELF}$(P. cap ∈ P. Capability ∧ Match(task, P. cap))}。

Step 3. 对 DDS 方案集按方案信任度由大到小进行排序。计算每个 DDS 的信任度大小(此时方案信任度等于协作 Agent 服务实际信任度),并按方案信任度由大到小排序 DDS 方案集形成 DDS_LIST。

Step 4. 根据 SM、SRL 和中介 Agent 判断是否可以单独通过服务合成形成 IDDS1 方案集。此时 IDDS1 = {(task, Pset) | P ∈ Pset ∧ Type(P) = Agent,并且通过服务合成的调度逻辑调度 Pset 能够完成 task}。

Step 5. 对 IDDS1 方案集按方案信任度由大到小进行排序。通过 DSDM 计算 IDDS1 中每个方案的信任度,并按方案信任度由大到小排序 IDDS1 方案集形成 IDDS1_LIST。

Step 6. 根据 SM、SRL 和中介 Agent 判断是否可以单独通过处方形成 IDDS2 方案集。此时 IDDS2 = {(task, Pset) | P ∈ Pset ∧ Type(P) = Agent,并且通过处方的调度逻辑调度 Pset 能够完成 task}。

Step 7. 对 IDDS2 方案集按方案信任度由大到小进行排序。通过 DSDM 计算 IDDS2 中每个方案的信任度,并按方案信任度由大到小排序 IDDS2 方案集形成 IDDS2_LIST。

Step 8. 根据 SM、SRL 和中介 Agent 判断是否可以综合处方和服务合成形

成 IDDS3 方案集。此时 IDDS3 = {(task，Pset) | P ∈ Pset ∧ Type(P) = Agent，并且通过相应调度逻辑调度 Pset 能够完成 task}。

Step 9. 对 IDDS3 方案集按方案信任度由大到小进行排序。通过 DSDM 计算 IDDS3 中每个方案的信任度，并按方案信任度由大到小排序 IDDS3 方案集形成 IDDS3_LIST。

Step 10. 如果 DDS_LIST、IDDS1_LIST、IDDS2_LIST 和 IDDS3_LIST 都为空，则跳到 Step 14，如果 DDS_LIST、IDDS1_LIST、IDDS2_LIST 和 IDDS3_LIST 中只有一个不为空，则跳到 Step 11，如果 DDS_LIST、IDDS1_LIST、IDDS2_LIST 和 IDDS3_LIST 中至少两个不为空则跳到 Step 12。

Step 11. 如果此方案表为空，则跳到 Step 14，否则取方案表的表头元素，并与表头元素的提供方 Agent(s)建立协作。如果执行成功，执行 Step 13；不成功则移到本表的下一个元素，再次执行 Step 11。

Step 12. 如果方案表都为空，则跳到 Step 14。如果只有一个表不为空，则跳到 Step 11。如果至少两个表不为空，则比较它们的表头元素对应的方案的信任度大小，选出信任度最大的表头元素，并与表头元素的提供方 Agent(s)建立协作。如果表头元素对应的方案的信任度相等，则主观地根据表头方案的品行信任度或服务信任度从中选出大者并与之建立协作。方案的品行信任度通过协作 Agent 品行信任度的顺序、分支、并行和循环结构的组合来计算，方案的服务信任度通过协作 Agent 服务信任度的顺序、分支、并行和循环结构的组合来计算。如果协作执行成功，则执行 Step 13；不成功则移动到本表的下一个元素，再次执行 Step 12。

Step 13. 调度提供方 Agent(s)的服务，并通过合同引擎完成合同引擎要完成的事情。在此期间，如果出现执行合同规范过程中出现异常或失败的情况时，则跳到 Step15。还回。

Step 14. 如果无法找到协作 Agent，还回出错信息。

Step 15. 进行柔性演化和自修复。

实例与实验分析

5.4.1 实例分析

有设计问题,要求设计 5 个野外生活用饭盒,并且有以下要求:①容量不小于 500 mL;②有照明可供夜晚使用;③形状各异。因此,任务的前两个条件约束部分可以用概念模式来表示:(@Lunch-Box Type:"field", Capacity:? x()=? x 500mL), Attachment:? y(@Flashlight Type:"field Scale:small"))。设计任务提交给用户代理 Agent。用户代理 Agent 检查自身的受控资源发现没有能力解决这个任务,于是产生任务分配方案集。

用户代理 Agent 检查 SRL,发现 Agent2 可以满足 5 个野外生活用饭盒的设计要求,即可以设计:①容量不小于 500 mL;②有照明可供夜晚使用;③形状有圆形、椭圆形、方形、葫芦形和综合形。发现 Agent3 可以满足 3 个野外生活用饭盒的设计要求,可以设计方形、葫芦形和圆形。用户代理 Agent 有设计饭盒的处方,于是根据子任务检查 SRL,发现 Agent4 可以设计椭圆形和综合形,容量不小于 500 mL 的饭盒,Agent5 可以设计椭圆形和综合形饭盒配套的夜晚照明的手电筒,Agent6 可以进行椭圆形和综合形饭盒和配套的夜晚照明手电筒的产品设计集成。用户代理 Agent 产生如下设计任务的分配方案:

(1) 把设计任务全部交给 Agent2,由 Agent2 独立完成设计任务,产生 DDS _LIST,即(task,Agent2);

(2) 把设计任务进行服务合成,选择 Agent2 和 Agent3 来完成设计任务。比如,方形、葫芦形和圆形饭盒任务交给 Agent3,椭圆形和综合形由 Agent2 设计,产生 IDDS1_LIST,即(task,Agent2+Agent3);

(3) 综合处方和服务合成方案,把圆形、方形和葫芦形设计任务交给Agent2(或者交给 Agent3),把椭圆形和综合形设计任务按处方分配给 Agent4、Agent5 和 Agent6 来设计,产生 IDDS3_LIST。

假设各 Agent 都用一个设计服务进行设计。于是用户代理 Agent 查找

SRL,计算各协作 Agent 的直接信任度和推荐信任度,算出各协作 Agent 设计服务的总信任度。

DDS_LIST 中只有一个方案,此方案信任度就是 Agent2 的设计服务总信任度。IDDS1_LIST 中,Agent2 和 Agent3 并发设计饭盒,此时方案的信任度按并行结构来计算。在 IDDS3_LIST 中,分别按组合结构 Agent2 // ((Agent4 //Agent5) · Agent6)和 Agent3 // ((Agent4 //Agent5) · Agent6)算出两个方案的信任度,其中,//是并发结构,·是顺序结构。选出信任度大者并与之建立协作。如果两个方案的信任度相等,则用户代理 Agent 主观地选出品行信任度或服务信任度较大的方案。假设采用贝叶斯概率法统计 Agent 的信任度,有两种优势:

(1)群体推荐使得推荐信任度提高

假定用户代理 Agent 对 Agent2 和 Agent3 的设计服务的直接实际服务信任度都为 0.4,但 Agent2 和 Agent3 的推荐信任度计算不同。Agent2 由 Agentx 单独推荐(传统方法),Agentx 对 Agent2 的直接实际服务信任度为 0.334,Agent3 也由 Agentx 推荐,但是执行规范时通过 Agent3 和 Agentx 的自查和互查,并通过促进 AgentF 的裁决决定 Agent3 的规范执行是否成功,因而是 Agent3、Agentx 和 AgentF 的群体推荐。假设 Agent3 和 Agentx 的推荐度都为 0.2,促进 AgentF 对用户代理 Agent 的推荐度为 0.7,则通过计算群体推荐度为 0.808。于是用户代理 Agent 对 Agent2 的总实际服务信任度为 $T2 = 0.4 + 0.334 \times 0.2 = 0.4668$。假设 Agent3、Agentx 和 AgentF 群体对 Agent2 的直接实际服务信任度也为 0.334,于是用户代理 Agent 对 Agent3 的总实际服务信任度为 $T3 = 0.4 + 0.334 \times 0.808 = 0.67$。同时假定 Agent4、Agent5 和 Agent6 的总实际服务信任度分别为 $T4 = 0.68, T5 = 0.66, T6 = 0.69$。于是 DDS_LIST 中唯一方案的信任度(Agent2 并发执行分配的任务)$S1 = (T2)^5 = 0.4668^5 = 0.116029$,IDDS1_LIST 中的方案信任度 $S2 = (T3)^3 \times (T2)^2 = 0.127072$,方案 Agent2// ((Agent4//Agent5) · Agent6)信任度 $S3 = 0.4668 \times [(0.68 \times 0.66) \times 0.69] = 0.201286$,方案 Agent3 // ((Agent4//Agent5) · Agent6)信任度 $S4 = 0.67 \times [(0.68 \times 0.66) \times 0.69] = 0.207480$,通过比较,最后方案信任度最大,用最后方案进行任务分配。

(2)品行与能力的选择

假定用户代理 Agent 对 Agent2 的直接实际服务信任度为 $0.8 \times 0.5 = 0.4$,其中 0.8 为直接品行信任度,0.5 为直接服务信任度;用户代理 Agent 对 Agent3 的直接实际服务信任度是 $0.4 = 0.5 \times 0.8$,其值虽然与 Agent2 的相同,但是其中 0.5 为直接品行信任度,0.8 为直接服务信任度。Agent2 和 Agent3 的推荐信任度都是群体推荐,而且执行规范时通过它们各自和 Agentx 的自查和互查,并通过促进 AgentF 的裁决决定各自的规范执行是否成功,因而分别是 Agent2、Agentx 和 AgentF(群体 1)的群体推荐与 Agent3、Agentx 和 AgentF(群体 2)的群体推荐。群体 1 对 Agent2 的直接实际服务信任度为 $0.336 = 0.6 \times 0.56$,其中 0.6 群体 1 对 Agent2 的直接品行信任度,0.56 为群体 1 对 Agent2 的直接服务信任度,群体 2 对 Agent3 的直接实际服务信任度为 $0.336 = 0.56 \times 0.6$,其值虽然与群体 1 的相等,但是群体 2 对 Agent3 的直接品行信任度只有 0.56,群体 1 对 Agent2 的直接服务信任度却为 0.6。现假设 Agent2、Agentx 和 Agent3 的推荐度都是 0.2,AgentF 的推荐度是 0.7,因而通过计算两个群体推荐度都是 0.808。假设 Agent4、Agent5 和 Agent6 的总实际服务信任度分别为 $T4 = 0.68$,$T5 = 0.66$,$T6 = 0.69$。于是 $S4 = S3 > S2 = S1$,此时需要从方案 S4 和 S3 中做抉择。现取 $\lambda 1 = 0.6$,$\lambda 2 = 0.4$,于是 Agent2 的总服务信任度(注意不是总实际服务信任度,此时不考虑品行信任)$W2 = 0.5\lambda 1 + 0.56 \times 0.808\lambda 2$,而 Agent3 的总服务信任度 $W3 = 0.8\lambda 1 + 0.6 \times 0.808\lambda 2$。显然,$W3 > W2$,于是方案 S4 和 S3 的总服务信任度分别为 $WS4 = W3 \times [(W4 \times W5) \times W6]$ 和 $WS3 = W2 \times [(W4 \times W5) \times W6]$,其中 W4、W5 和 W6 分别为 Agent4、Agent5 和 Agent6 的总服务信任度。显然,$WS4 > WS3$。但是用户代理 Agent 意识到对 Agent 能力有影响的环境此时不易发生变化,而品行(主观)信任可以通过惩罚力度提高。假设对 Agent2 和 Agent3 惩罚力度的增加值相同,而它们各自的 fulfil-prob、high-punishment 和 inc-prob(参见第 3 章)分别相同,于是 Agent2 和 Agent3 的品行增加值一样,但是由于 $W3 > W2$,因此方案 S4 的信任度增加值大于方案 S3 的信任度增加值。最后,用户代理 Agent 选择方案 4。

5.4.2 实验和结果分析

实验对没有合同履行历史评估(无 Agent 信任)的规范多 Agent 系统和 $DRQS_{HCT}$ Agent 模型支持的系统进行比较,以证明本模型的合理性和可操作性。

5.4.2.1 实验设计

Agent A 是 $DRQS_{HCT}$ Agent 模型,跟协作 $Agent_{A0}$ 到 $Agent_{A59}$ 交互。Agent B 是无信任 Agent,跟协作 $Agent_{B0}$ 到 $AgentB_{59}$ 交互。$Agent_{Ai}$ 和 $Agent_{Bi}$ 是完全一样的两个 Agent,i 为 0 到 59 的整数。用二维数组 AgAMo[1…60][1…100]

表示协作 $Agent_{A0}$ 到 $Agent_{A59}$ 是否愿意发服务消息(执行服务)。协作 Agent 是否愿意发消息是其固有的品行属性,通常用百分比表示。如果 $Agent_{A1}$ 以 15% 的概率不愿执行服务,则对应的一维数组 AgAMo[1]中值为 0 的元素有 15 个,并均匀分散在数组 AgAMo[1]中,其余 85 个元素值为 1。AgAMo[1]数组定时循环移 K 位,K 为 1 到 9 的随机整数,使得数组为 0 的元素位置不固定,但保证均匀分散。用三维数组 AgASer[1…60][1…3][1…100]表示协作 $Agent_{A0}$ 到 $Agent_{A59}$ 执行服务对应的规范是否成功,第二维表示不同服务。协作 Agent 规范是否成功是其固有的服务属性,通常用百分比表示。如果 $Agent_{A1}$ 的第一个服务以 15% 的概率执行规范不成功,则对应的一维数组 AgASer[1][1]中值为 0 的元素有 15 个,并均匀分散在数组 AgASer[1][1]中,其余 85 个元素值为 1。AgASer[1][1]数组也同样定时循环移 K 位,K 为 1 到 9 的随机整数。同理可定义数组 AgBMo[1…60][1…100]和 AgBSer[1…60][1…3][1…100]。任务产生的方案(不超 4 个)是子任务的并发、顺序、选择和循环结构。子任务表示为 AgAMo[i] * AgASer[i][m]或 AgBMo[i] * AgBSer[i][m]。A 和 B 执行子任务的方法都是首先产生一个 1 到 100 的随机整数 j,然后读数组元素 AgAMo[i][j](对 A 来说)或 AgBMo[i][j](对 B 来说),再产生第二个 1 到 100 的随机整数 k,然后读数组元素 AgASer[i][m][k](对 A 来说)或 AgBSer[i][m][k](对 B 来说)。只有读 AgAMo[i][j]和 AgASer[i][m][k]都为 1 或 AgBMo[i][j]和 AgBSer[i][m][k]都为 1 才表明子任务执行成功。A 和 B 执行任务时产生的方案可能有多个,此时 B 固定选取某一个方案,为了便于实验,一般不为最佳,而 A 用方案信任度选择方案。Agent M 也是 $DRQS_{HCT}$ Agent 模型,推荐度为 $C_M = 0.2$,F 是促进 Agent,推荐度为 $C_F = 0.7$,协作 $Agent_{Ai}$ 的推荐度为 $C_i = 0.2$。M 通过执行任务产生推荐经验。M、F 和 $Agent_{Ai}$ 的群体推荐度通过计算为 0.808。模拟实验设定协作 $Agent_{Ai}$ 和 $Agent_{Bi}$ 的属性如表 5.1:

表 5.1　Agent 属性

Agent	失败品行	失败服务		
		服务 1	服务 2	服务 3
0≤i≤9	11%	10%	11%	10%
10≤i≤19	9%	8%	8%	9%
20≤i≤29	5%	5%	6%	5%
30≤i≤39	4%	3%	4%	4%

Agent	失败品行	失败服务		
		服务 1	服务 2	服务 3
40≤i≤49	3%	2%	3%	2%
50≤i≤59	1%	1%	1%	1%

5.4.2.2　最佳样本容量

样本容量 n 太小,对 Agent 品行和服务属性的估计就不精确;容量 n 过大,则会造成计算资源的浪费。设 X1,X2,…,Xn(都是品行或服务属性样本)都是服从两点分布 $B(1,\mu)$,其中 μ 是品行或者服务属性,而且实际服务信任和方案信任也是两点分布。对置信水平 $1-\alpha$,$0<\alpha<1$,当 n 较大(至少 $5<\mu<n-5$,μ 为 μ 的点估计),μ 的近视置信区间是 $[(b-SQRT(b^2-4ac))/(2a),(b+SQRT(b^2-4ac))/(2a)]$,其中,$a=1+(Z_{\alpha/2})^2/n$,$b=2A+(Z_{\alpha/2})^2/n$,$c=A^2$,$Z_{\alpha/2}$ 为分位点,A 为样本均值,SQRT 为平方根。要使置信区间长度不超过 d,只要使样本容量 $n\geq(Z_{\alpha/2}/d)$[87]。特别地,当取 $(1-\alpha)=0.95$,$d=0.01$,此时 $n=38416$。因此起始直接经验系数 $\lambda_1=0$,推荐经验系数 $\lambda_2=1$,直接经验不足时 $\lambda_1=0$,$\lambda_2=1$,直接经验足够时 $\lambda_1=0.8$,$\lambda_2=0.2$。推荐经验容量至少为 38416;直接经验足够指容量至少为 38416。

5.4.2.3　实验结果

DRQS$_{HCT}$ Agent 模型的最大特点在于对方案信任度和协作 Agent 信任度的计算合理性,从而降低合同执行过程中出现异常(延误和非正常终止)的频率。仿真实验分别从时间上和协作 Agent 数量上比较 DRQS$_{HCT}$ Agent 支持的协同系统与无信任模型系统出现异常的频率。假定 Agent A 和 B 通过以上定义的各 60 个协作 Agent 分别交互,把 192080 个相同任务分别依次交给 A 和 B 执行(分成 5 批,每批是 38416 个相同任务,从时间上比较出现异常的频率)。实验结果如表 6.2 所示,表中的频率数是当批出现异常次数与当批执行总次数的百分比;另一方面,从协作 Agent 的个数上比较,协作 Agent 个数上分为 60 个(第一组),120 个(第二组),180 个(第三组)。第二组头 60 个 Agent 属性跟第一组同,后 60 个 Agent 属性除其中 10 个调低 1 个百分点,其余跟第一组同。第三组头 120 个 Agent 属性跟第二组同,后 60 个 Agent 属性除其中 10 个再调低 1 个百分点,其余跟第二组后 60 个属性同。每组都依次执行 38416 个相同任务。实验结果如表 5.3 所示,表中的频率数是当组出现异常的次数和当组的执行总次数的百分比。

表 5.2 从时间上比较

	第一批	第二批	第三批	第四批	第五批
DRQS$_{HCT}$ Agent	9.7%	8.9%	9.1%	9.5%	9.3%
无信任 Agent	13.2%	13.7%	12.9%	13.4%	13.8%

表 5.3 从协作 Agent 个数上比较

	60	120	180
DRQS$_{HCT}$ Agent	9.6%	8.7%	7.9%
无信任 Agent	13.4%	13.9%	12.5%

从表 5.2 中可以看出,DRQS$_{HCT}$ Agent 系统出现异常的频率明显比无信任 Agent 系统的异常频率低(因误差在 0.01 内)。从表 5.3 中可以看出,协作 Agent 的个数增加时,DRQS$_{HCT}$ Agent 系统出现异常的频率下降,说明更容易找到历史记录更好的 Agent,并明显比无信任 Agent 系统的异常频率低(因误差在 0.01 内)。表 5.2 数据说明 DRQS$_{HCT}$ Agent 系统具有经验优势,表 5.3 数据说明 DRQS$_{HCT}$ Agent 具有资源优势,而这两个优势是无信任 Agent 系统所没有的。

提高系统可靠性和服务质量可以分成两步：(1)产生可以解决任务的方案集，(2)建立信任模型对方案集进行选择。对于第一步，论文[131]提出基于业务生成图的一种半自动服务组合方式。首先要由用户根据需求建立适合具体应用需求的工作流业务逻辑模型。该模型由多个服务节点组成，各服务节点包含具体的功能需求描述，可以由多个功能相同或相似的服务来实现。但是对于某一个任务，此方法只能通过人工方式匹配任务对应的业务逻辑，适于低智能的Web服务，不适应高智能的自动要求高的Agent。此章节综合了服务合成和处方为智能Agent自动产生多个求解方案，适于多Agent应用场合。对于第二步，论文[126]通过证据理论中的似然函数和可能的重复推荐来求解WEB服务工作流信任度，论文[127]通过贝叶斯概率法和设计推荐级数规则来求解组合服务的信任度，论文[128]通过权值加分来求解服务的信任度。论文[129]和[130]分别通过统计理论和模糊逻辑求解智能Agent的信任度问题，但不能克服以一个服务信任度掩盖另一个服务信任度，而且没有Agent的方案信任，因此不能适应多Agent应用场合。相比以上方法(Web服务和Agent服务的实验结果没有直接可比性)，引入群体推荐提高了推荐经验的可信度，如0.808比0.2高很多，使得用推荐经验得到的实验结果跟用直接经验得到的实验结果几乎一样，如表6.2中第一批信任Agent数据跟其余批信任数据(误差0.01内)。以品行信任和多个服务信任来标记一个Agent的信任，克服了服务的掩盖性，如Agent1的服务1跟服务2的信任度分别是10%和11%。对服务信任度评估是以服务对应规范为样本的，更具针对性。当服务实际信任度相等时，主控Agent主观比较品行信任度(偏好协作Agent品行)或主观比较服务信任度，从而使得信任度评估更加全面。信任度评估是根据合同历史记录的，使得Agent的自组织协作既是可信的，又提高了可靠性，信任度的计算具有合理性，又有可操作性，可以很好地降低规范实施的风险。正是因为模型有如此特点，它更适合开放环境下可信协同。

针对开放式环境下规范实施存在的高风险问题，提出 DRQS$_{HCT}$ Agent 模型。模型从直接任务分配、服务合成和处方三方面产生多个任务分配方案，根据协作 Agent 的合同履行历史记录，使用分配方案选择机制选择品行优良和服务质量高的 Agent 参加协作，从而使系统具有很高的可靠性和服务质量，可以降低规范实施的风险，同时 DRQS$_{HCT}$ Agent 信任模型具有合理性，又有可操作性，DRQS$_{HCT}$ Agent 自组织协作既是可信（可预测）的，又提高了可靠性。

DRQS$_{HCT}$ Agent 支持下的 VO 演化机制
DRQS$_{HCT}^{ENV}$

前面通过规范的实施使得规范的违反概率大大降低了,但是由于 Agent 的行为自主性和行为规范的软约束性,系统却不能完全阻止规范违反。鉴于 VO 包含的多个服务协同存在或多或少的相互依赖关系,如数据传递、时序、同步等,异常导致的契约履行延误和非正常终止必将影响联合意愿的维护和本地业务目标的完成,因此当出现合同违反的情况下,VO 要进行必要的柔性演化,使得系统表现出强壮性,同时要保证演化后的 VO 继续具有低合同违反率、高可信度的特性。

VO 应发起者 m 完成本地业务目标的需求动态建立。发起者 m 通过服务合同和处方对要完成的本地业务目标进行分解,形成多个子目标,通过计算方案信任度选择协作伙伴(见上节),并通过签订服务契约来形成 m 与外部服务提供者的多方协同,依次形成完成此目标的联合意愿。m 形成的多方协同由多个二方协同组成的。二方协同双方主动通报己方履行规范执行的失败或异常,则可以促使补救性履行规范的尽早执行,去恢复和维持契约的继续执行。作为契约履行协议的组成部分,补救性履行规范将已执行履行规范的失败或异常状况作为激活条件(σ),有助于提高服务契约执行的可靠性和强壮性。在补救性履行规范(如罚款)得不到责任方遵守的情况下,可以诉诸仲裁,并在必要时由社区做出影响责任方信誉乃至生存的处罚,以产生迫使 Agents 遵守契约履行协议的威慑力。当某二方协同双方中的一方违反合同时,势必影响 VO 中后续二方协同中的合同的执行。为此,我们把 VO 演化分成两个阶段:(1)VO 中某个(某些)二方协同合同执行异常;(2)VO 中后续二方协同(合同)的演化。

5.7.1 VO 中某个(某些)二方协同合同执行异常

协作双方根据签订的合同执行属于自己执行的合同条款,同时对自己执行合同条款进行检查(自查),并主动通报己方履行规范执行的失败或异常,协作对方也执行属于自己执行的合同条款,同时对自己执行合同条款进行检查(自查),并主动通报己方履行规范执行的失败或异常。通过协作双方的自查和互查,形成服务契约履行情境,多个二方协同的自查和互查,形成服务契约履行情境集合:CPC={CPCsc1,CPCsc2,…,CPCscn},CPCsci指示服务契约sci(第i个服务契约)的履行情境。当协作双方的一方的自查或者互查与另一方的自查或者互查存在冲突时,由认为对方违约的一方向仲裁Agent诉讼,仲裁Agent依据监视Agent的分析得出仲裁结果,裁定被告是否违约,形成服务契约履行情境。由协作双方的自查或者互查或者由仲裁Agent裁决得到的服务契约履行情境(集)是VO中后续二方协同(合同)的演化的依据。当服务契约履行情境(集)中存在某个(些)合同的状态为违反或异常时,发起者m将进行VO中后续二方协同(合同)的演化。

5.7.2　VO中后续二方协同(合同)的演化

VO发起者m根据本地业务目标产生子目标,然后根据子目标找到业务伙伴后,分别跟业务伙伴协商后签订契约,产生服务契约集。m和协作业务伙伴分别执行各自的规范条款,此时,服务契约集中有些契约执行成功,有些服务契约执行失败,有些服务契约需要等待其他服务契约执行后的数据而处于等待状态。为此,我们把VO中后续二方协同的演化建模成一个元组:

$\text{VO}_{\text{CONTINUE}} = \langle$ Concrete-contracts, Failedcons, Succcons, Waitingcons, Inperformingcons, Succfulstate, Violatingstate, Reports, History, Monitoring, Sanctioning, Evolving$\rangle$

其中,

• Concrete-contracts是发起者m和协作伙伴签订的合同集;

• Failedcons是协同双方经过自查和互查后一致认定的或者经过仲裁Agent裁决认定的违约合同集;

• Succcons是协同双方经过自查和互查后一致认定的成功执行的合同集;

• Waitingcons是需要等待其他服务契约执行后的数据而处于等待状态的合同集;

• Inperformingcons是协同双方正在执行的,非等待的合同集;

• Succfulstate($\subseteq$CPC)是合同成功执行的状态;

• Violatingstate($\subseteq$CPC)是合同执行失败时的违反状态;

- Reports 是合同执行后产生的报告；
- History 是 Agent 合同执行历史记录，用于计算 Agent 的服务信任；
- Monitoring 是监视 Agent 监视合同的执行情况；
- Sanctioning 是违反合同的 Agent 进行的制裁；
- Evolving 是后续的二方协同的演化。

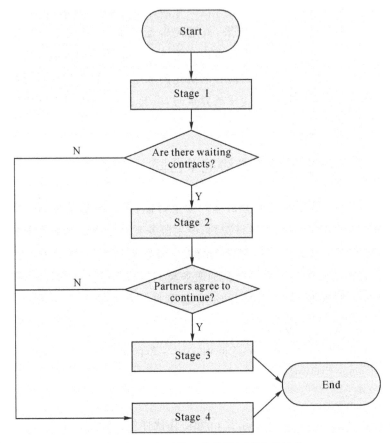

图 5.2　VO 中后续二方协同(合同)的演化

其中元组 $VO_{CONTINUE}$ 中的 Evolving 可以由下面几步完成：

(1)m 找出哪些合同处于等待状态。这可以根据违约合同对应的二方协同是否有后续二方协同来确定。如果有后续二方协同，则后续二方协同对应的合同处于等待状态。

定义 5.1　后续二方协同指的是在 m 用来分解本地业务目标的方案编排 Scheme 中，二方协同 binary1 和 binary2 按顺序执行，即是先执行 binary1 后才执行 binary2，则称二方协同 binary2 是二方协同 binary1 的后续二方协同。而且 binary2 的后续二方协同也是二方协同 binary1 的后续二方协同。

值得注意的是,m 用来分解本地业务目标的方案编排 Scheme 在执行过程中可能存在多处违约合同对应的二方协同。如果我们把执行过程中违约合同对应的二方协同称作断点,则正在执行的 Scheme 中可能存在多处断点。

例如,如果让 scheme1＝(binary1 · (binary11// binary12) · binary13)//(binary2 · binary23 · (binary21// binary22))//(binary3 · (binary31// binary32)),则 m 在执行过程中可能存在的断点有 3 处,binary1 及其后续二方协同、binary2 及其后续二方协同、binary3 及其后续二方协同。

断点处的合同是协同双方经过自查和互查后一致认定的或者经过仲裁 Agent 裁决认定的违约合同集,等待状态的合同是由于等待断点处的合同的数据或成功执行的状态而处于等待状态。例如,在 scheme1 中,如果 binary3 出现断点,则 binary31 和 binary32 对应的合同将都处于等待状态。

(2)如果有等待合同,m 将和处于等待状态的合同对应的协作伙伴协商,如果违约合同找到合适的协作伙伴,是否同意继续执行等待合同。

由于 m 拥有的方案编排可能存在多处断点,m 可以有多种跟处于等待状态的合同对应的协作伙伴协商的方式。m 可以采用顺序或并发的协商策略同多个处于等待状态的协作伙伴进行协商。对于协商成功的伙伴,m 将在第(3)步计算新的方案信任度中考虑此伙伴为候选伙伴。协商不成功的伙伴,则在计算新的方案信任度中不考虑此伙伴为候选伙伴。

(3)由于 m 用来分解本地业务目标的方案编排 Scheme 部分执行是失败的,也有部分执行是成功的,此时不宜通过重新计算整个方案编排 Scheme 对应方案的信任度来选择协作伙伴。而是应该对方案编排 Scheme 进行调整,删去执行成功的编排的分支,用新编排去计算相应方案信任度,再进行业务协作伙伴的选择。

例如,在 scheme1 中,分支(binary2 · binary23 · (binary21// binary22))的执行是成功的,那么 VO 发起者 m 对编排 Scheme1 进行调整,删去执行成功的方案的分支(binary2 · binary23 · (binary21// binary22)),得出要计算信任度的新的方案编排(binary1 · (binary11// binary12) · binary13)//(binary3 · (binary31// binary32)),计算此编排相应的新方案的所有可能的信任度值,选择出最大信任度的方案对应的业务协作伙伴。

如果处于等待状态的合同对应的协作伙伴同意继续执行等待合同,那么 m 将在考虑处于等待状态的合同对应的协作伙伴的情况下重新计算经过调整的编排的可能方案的信任度,找出信任度最大的方案为新的任务分配方案。显然,新的任务分配方案对应的协作业务伙伴可以包括处于等待状态的合同对应的协作伙伴或者新发现的准备执行等待状态的合同的伙伴。此时,m 重新和信任度最大值方案对应的协作业务伙伴进行顺序或并发的协商签约。

对于调整之前的旧方案对应的执行成功的合同要写入协作历史记录,以便日后计算对应协作伙伴的信任度时进行参考,同理,对于调整之前的旧方案对应的执行失败的合同也要写入协作历史记录,以便日后计算对应协作伙伴的信任度时进行参考,但是对于调整之前的旧方案中对应的处于等待状态的合同将不写入协作历史记录,所以等待状态的合同对对应伙伴的信任度的计算没有参考价值。

(4)如果处于等待状态的合同对应的协作伙伴有不同意继续执行等待合同的,m 可以考虑解散 VO,参见图 5.2。

在这一步当中同样要对执行成功的合同写入协作历史记录,以便日后计算对应协作伙伴的信任度时进行参考,同理,执行失败的合同也要写入协作历史记录,以便日后计算对应协作伙伴的信任度时进行参考,但是处于等待状态的合同将不写入协作历史记录,同样等待状态的合同对对应伙伴的信任度的计算没有参考价值。

5.7.3 评论

自适应和自主演化机制 $DRQS_{HCT}{}^{ENV}$ 的提出,使演化后的 VO 具有最高的可信度,并可以使演化后的 VO 合同的违约率减少到最低;使服务协同的自主和应变能力具有常规服务协同技术无法比拟的强健和智能优势;使基于服务协同的 VO 具有按需动态自组织和自主演化的优秀品质;使服务协同提高了可信度和健壮性。

5.8
本章小结

传统的动机性 Agent 模型只考虑 Agent 的各种动机,并以各种动机为出发点,考虑如何在各种动机中经过冲突消解后做出选择,最后产生目标和意图。但是这些模型都忽视了 Agent 执行合同时可能产生异常、失败的情况,并可能导致系统运行风险。为此,本章提出 $DRQS_{HCT}$ Agent 模型。模型引入服务合成和处方产生任务的多个求解方案,通过品行信任度和服务信任度定义直接信任,通过定义多个服务信任度克服服务信任度的掩盖性,通过群体推荐克服个体链推荐的不足,通过计算方案信任度来选择并优化求解方案。模型提高了计算信任度的合理性和可操作性,同时由于引入基于合同的约束,Agent 的自组织协作既是可信的,又提高了可靠性。任何一个模型不会百分之百的可信和可靠,为了应对可信 VO 可能出现的异常,我们提出 VO 自适应和自主演化机制 $DRQS_{HCT}^{ENV}$,这样可以提高服务协同的可信度和健壮性,可以使演化后的 VO 具有最高的可信度,并可以使得演化后的 VO 合同的违约率减少到最低。

第三方推荐信任检验框架

研究背景

供应链不可靠是指供应链出现断裂或者协同方违约。供应链不可靠可以使地区、国家乃至整个国际经济遭受重创,导致企业停产、GDP负增长、经济社会面临萧条。

(1)供应链不可靠造成严重后果事例

国际上:

(1.1)2011年日本地震后零部件供应链断裂,日产汽车产销普遍下滑之后,2011年5月下滑更深,牵连的企业深陷沼泽地,身处险境。

(1.2)2008年金融危机导致西方国家出现贸易壁垒。相应行业供应链出现不可靠,相应企业深受其害。

国内:

(1.3)2008年金融危机随后出现的贸易壁垒使得国内光伏企业所处供应链断裂,企业出现产品积压,负债累累,多数面临关门。湖州地区也不例外。

地区(以湖州为例):

(1.4)湖州二环东路尊园小区内,由于供应链等因素导致的资金链断裂,商务大厦建到一半就停工闲置数年至今。

以上事例表明,不可靠的供应链会严重影响地区甚至国家乃至国际社会,拖累拖垮相应行业企业,使经济遭受重创。

(2)严重形势

上述不可靠的供应链造成严重后果的同时,地区乃至国家在供应链可靠性问题上却面临严重形势。

(2.1)几乎任何经济实体都处于供应链之中,供应链可靠刻不容缓。

湖州地区乃至全国各个经济实体之间的联系和相互促进已经是现在经济发展的主流形式,任何一个经济实体都不能单独存在。

（2.2）软件 Agent 没有用于辅助可靠供应链决策。

（2.2.1）供应链协同伙伴数量有局限,容易产生供应链断裂。

湖州地区乃至全国形势是:人工寻求协同伙伴满足不了数量需求,各个经济实体的商务网站、ERP 等系统达不到自动寻求协同伙伴指标要求。

（2.2.2）供应链不可靠,协同方容易违约而产生供应链断裂。

湖州地区乃至全国形势是:人工寻求协同伙伴满足不了数量需求,更谈不上稳定性;各个经济实体的商务网站、ERP 等系统达不到智能稳定性指标要求。

目前,尽管地区各个经济实体都建立了自己的商务网站、ERP 等,但多半没有借助软件 Agent 辅助可靠供应链决策,可靠供应链有点可望不可即。

因此,研究规范约束的 Agent 可信协同,研究降低 Agent 违约技术,去解决供应链可靠性问题已经是迫在眉睫。

存在缺陷

目前,研究规范约束的 Agent 可信协同,研究降低 Agent 违约技术的学者也还是有。通过仔细分析,他们的研究主要从以下几个方面进行的。

（1）研究了 Agent 信任问题。但是存在以下两个缺陷:

（1.1）对自治服务协同行为信任度进行了研究,但是在直接交易数据不足的情况下,缺少基于交易记录的检验第三方信任（间接信任）信任度的有效方法[142-147],且不能通过第三方交易记录识别以虚假交易骗取信任[148]。

在互联网上往往没有足够的直接交易记录用于计算协同方的直接信任度。此时考察间接信任成为关键。但是第三方存在不诚实推荐或者恶意推荐,而目前检验第三方信任度缺少有效的方法,而且缺少识别虚假交易的方法,这严重影响协同方信任度的计算。

（1.2）在直接交易数据和第三方交易数据都不足的情况下,缺少衡量协同方信任度的有效方法。

目前在直接交易数据和第三方交易数据都不足的情况下,很多学者采用认知、安全机制等方法[149-152]算出协同方信任度,但信任偏差太大。

（1.3）对信用数据进行集中管理,对交易过程集中监控增加服务器负担[153]。

对信用数据进行集中管理,对交易过程集中监控开销很大。信任交易数据应该下放到由交易方自行存储,同时监控交易应采用分布式。

基于目前以上存在的研究缺陷,本章提出了第三方推荐信任检验框架,旨在解决以上存在的问题,为可靠供应链提供有力的技术支撑。

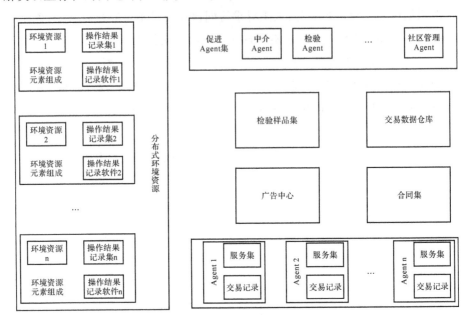

图 1　规范约束的 Agent 可信协同体系结构

第三方推荐信任检验框架

(1)规范约束的 Agent 可信协同体系结构

规范约束的 Agent 可信协同用图 1 来表示。体系结构分为促进 Agent 集、交易 Agent 集、可信协同连接层和分布式环境资源 4 个部分。

1)促进 Agent 集由中介 Agents、检验 Agents、社区管理 Agents 等组成,是完全可信的第三方。中介 Agents 负责松散的扩展服务匹配,检验 Agents 负责检验推荐数据的准确性,社区管理 Agents 负责交易 Agent 注册、服务发布等事宜。

2)交易 Agent 集中的每一个 Agent(供应链上企业代理)由服务集、本地交易记录等组成。

2.1)一个服务将对一个或者多个环境资源进行操作,改变环境资源状态。

2.2)交易记录集在交易 Agent 本地,记录了服务(自己提供的服务、请求其他 Agent 提供的服务)操作成功与否。交易 Agent 通过合同知道服务要对哪些环境资源进行操作以及操作的时间段,并到分布式环境资源中核实对这些环境资源的操作是否成功,并核对操作时间和合同中时间段是否吻合。如果服务对对应的环境资源集的访问操作都是成功的,并且都时间吻合,本次服务执行成功。

3)环境资源组成元素由环境资源、操作结果记录软件及操作结果集组成。

3.1)环境资源由服务改变其状态。

3.2)操作结果记录软件是完全可信软件,记录服务对环境资源的操作结果。

3.3)操作结果记录集由操作结果记录软件产生,由记录组成,记录由交易Agent、服务(参数)、操作时间和操作是否成功组成。

3.4)交易 Agent 根据合同对操作结果记录集进行查找产生交易记录,检验Agent 根据合同对操作结果记录集进行随机抽样查找产生检验样本,检查交易Agent 的推荐准确性,判断是否不诚实推荐或者恶意推荐。

4)可信协同连接层由检验样本集、合同集、广告中心、交易数据仓库组成。

4.1)在某检验时间段的检验样本集由检验 Agent 产生,每记录由 Agent、服务(参数)、操作时间和操作是否成功组成。

4.2)合同集是交易 Agent 进行交易签订的合同或类似合同的记录。合同集记录了交易 Agent 某服务提供服务次数。合同由买方 Agent、卖方 Agent、提供的服务(参数)、访问的环境资源集和访问时间段组成。

4.3)广告中心服务广告服务,以便查找匹配服务。

4.4)交易数据仓库是以前检验时间段(本次检验时间段之前)通过检验的交易 Agent 的服务交易记录,由交易 Agent 上传到数据仓库。当本次检验时间段内某服务的交易记录不足时,通过交易数据仓库分析,合并本时间段内所有可以合并的某服务的所有交易 Agent 的交易记录,用汇总的交易记录统计此服务的信任度。

(2)检验第三方服务信任度方法

1)我们总是假定服务信任度是服从某个分布函数,通过贝叶斯估计确定其分布函数参数。如我们假定服务信任度是服从正态分布。则第三放要估算服务信任平均值 μ。

2)我们总是假定服务信任度变化随时间是连续的,不会产生脉冲变化。因此我们总是取一定时间段的交易数据去估算服务信任度,时间段跨度越大(越是过去的交易数据),误差越大。

3)通过环境资源组成元素的操作结果记录软件负责监控记录对本环境资源

的操作结果,但无法统计服务信任度(如无法统计签订合同不去执行条款的 Agent 交易记录,也无法统计一个涉及多个环境资源操作的服务信任)。通过分布式监控记录提高效率。

4)交易 Agent 通过交易数据估计服务信任平均值,负责推荐一定时间段的服务信任,但是可能存在不诚实推荐或者恶意推荐。要由检验 Agent 检验推荐是否诚实。

5)检验 Agent 假定推荐信任度为真,检验 Agent 通过合同检查一定时间段交易 Agent 的交易记录是否饱和(通过合同知道)。如果饱和则检验 Agent 假定推荐信任度为真,抽检交易 Agent 的交易记录是否交易成功,根据设定的显著水平判断假设是否成立。

假定某交易 Agent 推荐某 Agent 服务的平均信任为 μ_0,此服务信任度正态分布。检验 Agent 把抽检的交易数据分成 n 组,信任度分别 $\mu_0,\mu_1,\cdots,\mu_n$。则 $\bar{\mu} = (\sum_1^n \mu_i)/n$。假定显著水平为 δ,则贝叶斯检验为:

原假设为 $H_0: \mu = \mu_0$

$\qquad$ $H_1: \mu \neq \mu_0$

检验法则:$P\{|\bar{\mu} - \mu_0| < U_{\delta/2}\} = \delta$

6)如果显著水平设得过小,则可能所有交易 Agent 的推荐信任度都不成立。此时要适当调整显著水平(可变参数),得到部分交易 Agent 的推荐信任度假设成立(推荐专家集)。推荐专家集的加权平均信任度为推荐的间接信任度。

设定显著水平范围为 $m <= \delta <= M$

1:取 $\Delta = m$,如果所有交易 Agent 的推荐信任度都不成立,则

$\quad${

$\qquad$ 取 $\Delta = M$,如果所有交易 Agent 的推荐信任度都成立,则

$\qquad${

$\qquad\quad$ 分别在显著水平范围 $(m+M)/2 <= \delta <= M$ 和 $m <= \delta < (m+M)/2$ 重复从 1 执行

$\qquad$}否则

$\qquad${

$\qquad$ 得到部分交易 Agent 的推荐信任度假设成立(推荐专家集)。推荐专家集的加权平均信任度为推荐的间接信任度。

$\qquad$}

$\quad$}否则

得到部分交易 Agent 的推荐信任度假设成立（推荐专家集）。推荐专家集的加权平均信任度为推荐的间接信任度。

7）不同 Agent 服务的选择方法：1 显著水平优先法则先比较不同 Agent 服务的显著水平，再比较间接信任度。2 信任度优先法则先比较不同 Agent 服务的间接信任度，再比较显著水平。

8）如果推荐专家集有专家推荐信任度相差太大（通过样本检验判断），则服务提供方存在虚假交易骗取信任度。

（3）第三方交易数据都不足的情况下的基于汇总意见（集体推荐）的间接信任度计算

1）推荐专家集的交易数据将被上传到数据仓库，成为过期的交易数据，可以用于分析挖掘第三方之间的数据规律。

2）检验 Agent 通过合同检查一定时间段交易 Agent 的交易记录都不饱和，则根据数据仓库的专家数据分析挖掘，找出以往推荐信任度相差不大的专家，对他们的不饱和数据进行汇总（集体推荐），并通过抽样检验汇总数据的信任度是否成立。

3）如果汇总数据仍然不饱和，可以适当扩展时间段，再进行汇总抽样检验。

4）不同 Agent 服务的选择方法：此时存在三类服务：饱和信任服务、汇总信任服务和扩展时间段信任服务，他们的服务选择优先顺序递减。同类服务的可以按以下方法选择：1 显著水平优先法则先比较不同 Agent 服务的显著水平，再比较间接信任度；2 信任度优先法则先比较不同 Agent 服务的间接信任度，再比较显著水平。

实验

The simulation experiment is analized from four aspects：1. the comparison of rate of memory consumption of distributing monitoring mechanism with that of central monitoring mechanism；2. time consumption comparison of entire checking and sample checking；3. the comparison of nearness of the checked trust and the real trust with that of the non checked trust and the real trust；4. the relation of the checking time span to the deviation of the evaluated trust from the real trust.

(1) the comparison of rate of memory consumption of distributing monitoring mechanism with that of central monitoring mechanism;

We suppose in the experiment there are 10 distributing environment resources(e. g. database), each deployed in its corresponding environment computer. In distributing monitoring mechanism all operation results are stored in environment computers, while in central monitoring mechanism all operation results are transmited and stored in the server. Also each environment resource is visited 20 times by same service in both distributing monitoring mechanism and central monitoring mechanism every time unit.

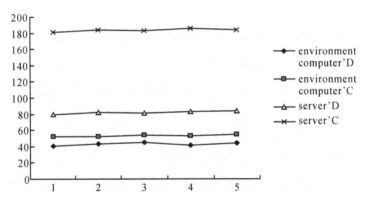

Fig 3   comparison of rate of memory consumption

In Fig 3, environment computer'D means an environment computer in distributing monitoring mechanism, environment computer'C means an environment computer in central monitoring mechanism, server'D means a service computer in distributing monitoring mechanism, server'C means a service computer in central monitoring mechanism. The vertical axis is the memory consumption axis, and the horizontal axis is the time axis. From Fig 3, we know that the memory consumption of environment computer and service computer in distributing monitoring mechanism is respectively less than that of environment computer and service computer in central monitoring mechanism.

(2) time consumption comparison of entire checking and sample checking;

In the experiment we has data 100000,105000,101000,103000,104000 to be checked in period 1, 2, 3, 4, 5, and we suppose the checking sample account for 5% of the data. The two mode checkings are done by two checking Agents respectively.

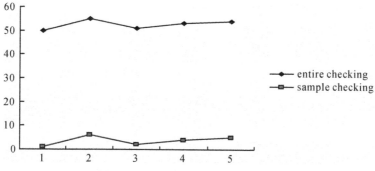

Fig 4   time consumption comparison

In Fig 4, the vertical axis is the time consumption axis, and the horizontal axis is the checking period axis. From Fig 4, we know that the time consumption of entire checking is much greater than that of that of sample checking.

(3)the comparison of nearness of the checked trust and the real trust with that of the non checked trust and the real trust;

In the experiment we suppose the average trust of some of the Agent service is 9.4, 9.6, 9.8, 9.7, 9.5 in respectively time unit 1, 2, 3, 4, 5. There are 15 recmmending Agents, 8 of them under estimating evil Agent, the rest are sincere Agents.

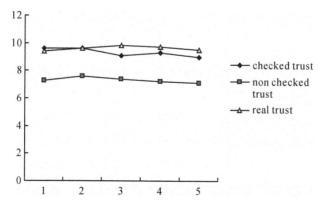

Fig 5   the comparison of the checked trust and the non checked trust to the real trust

In Fig 5, the vertical axis is the trust axis, and the horizontal axis is the time axis. From Fig 5, we know that the checked trust and the real trust are much much closer, while the non checked trust deviates from the real trust too much.

(4) the relation of the checking time span to the deviation of the evaluated trust from the real trust;

Suppose we have to estimate the some Agent service trust of at tick 8 using the recommending Agent deal data. We sample data in time period 7—8, 6—8, 5—8, 4—8, 3—8, 2—8, 1—8, called time period 1, 2, 3, 4, 5 , 6, 7 respectively.

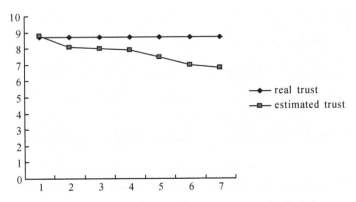

Fig 6   the relation of the checking time span to the deviation

In Fig 6, the vertical axis is the trust axis, and the horizontal axis is the period axis. From Fig 6, we know that The longer (long previous data) the time span is, the more deviation of the evaluated trust from the real trust is.

规范实施

考虑规范实施机制问题就是要有效地减少规范违反的反生,使得多 Agent 系统能有效地实现系统的全局目标;或者在规范违反反生时,多 Agent 系统要尽量采取弥补措施,使得多 Agent 系统尽量地实现系统的目标。

为了有效地减少规范违反的反生,规范实施的总体思想是通过硬性约束的规范和软性约束规范结合,以及必要的实施机制来减少规范违反。我们认为少数场合下实施硬约束规范是必要的,但会使得 Agent 失去自主性,因此不是主要手段。其实,合理有效地实施软约束规范,既可以使得 Agent 有充分的自主权利,又可以有效地减少 Agent 违反规范的可能性,从而能更好地实现系统的目标。因此,软约束规范的实施起主导地位。必要的实施机制包括组织层次实施和规范执行前、规范执行时和规范执行后的综合实施机制。

(1)规范层次式实施机制

尽管通过合理有效地实施软约束规范可以减少规范违反,但规范违反总是不可避免的。因此,基本规范的违反必然触发异常下 Agent 有义务,禁止实现的某一个目标,即是触发了异常下的规范,如果异常下的规范再次违反,又会触发下一级异常下的规范,以此类推,异常规范的层次可以是多级的,最后一级的异常规范可以是硬性约束规范(强行执行),或者是软约束规范,但此级规范的违反不再追究处罚。

为了促进业务规范的执行(包括基本规范和处罚规范),要通过促进角色执行促进规范(一级)来监督、辅助和维护业务规范的执行,而一级促进规范的执行又要由二级促进规范来监督、辅助和维护,以此类推,促进规范的层次可以是多级的,最后一级的促进规范可以是硬性约束规范(强行执行),或者是软约束促进规范,但此级促进规范的违反不再追究处罚。因此,规范的层次可以用图 7 来实施。强制规范和被强制规范之间的关系可以用图 8 来实施。

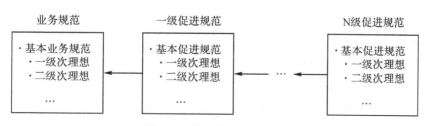

图 7 规范的层次实施机制

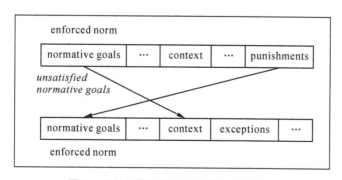

图 8 强制规范和被强制规范之间的关系

由图 7 的规范的组织层次实施机制可知,规范分成理想和多级异常规范,每一级比上一级承担的义务或者处罚要重,从而使得规范违反的概率逐级减少。规范又分成业务规范和多级促进规范,每一级比上一级承担的义务或者处罚要重,从而使得规范违反的概率逐级减少。

如果把图7中每一个箭头左边的规范看作被强制规范（enforced norm），右边的规范看作是强制规范（enforcement norm），则从图8中可以看出，被强制规范中的异常规范（punishments）对应成强制规范中的基本规范的目标（normative goals），被强制规范的违反是强制规范的上下文（context）。

（2）规范的综合实施机制

尽管通过组织层次实施机制中的硬性约束（不是占主导方法）和软约束的处罚程度的设置可以有效地减少规范违反的情况，但不是唯一的方法可以减少规范的违反。更何况，仅仅通过设置重的处罚来处理规范的实施问题，也使得Agent的协作方式非常单一，而且规范的处罚形式也很单纯。为了使得Agent协作形式和规范的处罚形式多样化，仅仅通过规范的层次实施机制来减少规范的违反是不够的。

为此，硬性约束规范和软性约束规范都应该实施综合机制，包括规范执行前、规范执行时和规范执行后实施机制，而这一实施机制又可以从Agent自身方面考虑实施和机构方面考虑实施。

如果从Agent自身方面考虑硬性约束规范实施，Agent设计中的思维方式应该使得规范的优先执行权最高，并且不要也不应该出规范冲突的情况。由于规范不存在违反的情况，Agent执行规范都应该是成功的，不用规范执行后进行演化。如果从机构方面考虑硬性约束规范实施，机构应该保证规范在执行前不出现冲突的情况（如，通过基于规范的服务匹配机制实施，下章阐述），规范执行时机构通过环境配置使得Agent不可能违反规范（如，地铁检票口通过设置电子栏杆使得无票人员无法通过）以及规范执行后应该设置奖励机制（此时无须考虑制裁和演化，因规范无法违反）。

软约束规范的规范执行前、规范执行时和规范执行后实施机制是我们考虑的重点。从规范的实施主体上看可以分成两个方面的实施问题：1）从Agent自身方面考虑规范的实施，即是Agent的行为如何受规范的影响。2）从组织机构方面考虑规范的实施，即是机构如何保证遵循规范。从规范的实施方式上看可以分成三方面的实施问题：1）规范执行前的实施方式（包括基于规范的服务匹配和协作前的基于合同信任的方案选择机制）；2）规范执行时的实施方式（包括规范的内化、策略驱动自主管理、规范实施监控）；3）规范执行后的实施方式（违约制裁与系统演化）。本书的软约束规范的综合实施机制可以用图9来表示。

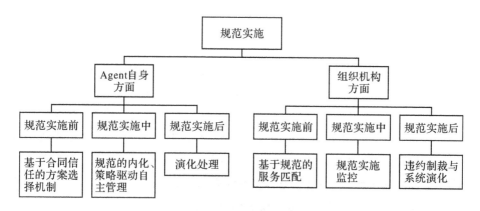

图 9　规范综合实施

从 Agent 自身方面考虑,图 9 中的规范实施前的基于合同信任的方案选择机制是在第六章论述,旨在减少规范违反,其主要思想是为降低开放环境下因 Agent 违约带来的风险而提出 DRQS$_{HCT}$ Agent 模型,模型引入服务合成和处方产生任务的多个求解方案,通过品行信任度和服务信任度定义直接信任,通过定义多个服务信任度克服服务信任度的掩盖性,通过群体推荐克服个体链推荐的不足,通过计算方案信任度来选择并优化求解方案;模型通过合同样本提高了计算信任度的合理性和可操作性,同时由于引入基于合同的约束,Agent 的自组织协作既是可信的,又提高了可靠性;规范实施中的规范的内化、策略驱动自主管理在第三章已经论述,旨在使规范内化到 Agent 心里,并产生 Agent 目标;规范实施后的演化处理可以是 Agent 执行异常下的规范(obligations of contrary to duties),或者执行补救性规范(见第七章)等。从组织机构方面考虑,图 9 中的规范实施前的基于规范的服务匹配将在第五章论述,旨在减少规范的违反,其思想是,第一,通过多 E 机构(n 纬)构建分布式管理的环境。两个不同 E 机构可以提供相同或者相似(服务效果)的服务;第二,通过松散的匹配机制提供更多的服务提供者;第三,在服务匹配中参照了规范,找到不导致服务寻求者规范违反或规范冲突的服务。该机制不但扩展了服务匹配,提高了协同的松散性,而且提出了规范实施的事前机制,提高了协同的可信度;如果把合理地设置违反规范时 Agent 应该承担的义务(违反时应该承担的较重义务)看成是立法上的实施,规范执行后的违约制裁(在第三章已经论述)可以看成是执法上的实施,旨在使违约的 Agent 得到惩罚,产生威慑力,而系统演化将在第六章讲述,旨在规范违反反生时,多 Agent 系统要尽量采取弥补措施,使得多 Agent 系统尽量地实现系统的目标。

机构对规范执行时的监控,分为规范激活条件监控和规范到期状态监控。对于规范 $O(\rho \leq \delta | \sigma)$,如果 σ 是状态,则 σ 也应该持续一定的时间段 φ,在此时间段里任意一个时间点上检测到 σ 成立,就有义务 ρ。例如,打了上课铃后,同学们有义务进教室。上课铃声要持续一段时间,学生可以这一段时间里的任意一个时间点上去听(检测)铃声。而在这一段时间里几次检测到 σ 成立,则认为是同一个目标 ρ。例如,学生在这一段时间里的持续听到铃声,没有必要在 δ 到期内进几次教室(进了再出来,再进去)。显然,让执行规范的 Agent 主动去检测 σ 是否成立是费时的事情,特别是 σ 为多状态的表达式时,要主动检测多个状态开销很大。解决的办法是让负责改变 σ 状态的 Agent(集)或对象(集)主动向承担此规范(σ 为触发条件)的 Agent 发消息,承担此规范的 Agent(可以定义 σ 兴趣接口)收到相关消息后便执行规范。如果 σ 是动作,则在计算机里一般指消息触发。而消息发送附带时间点。显然,在不同时间点请求方调用同一个服务,应答方应在相应的不同的时间点上进行回应(应答),而且每次应答代表不同的目标 ρ(在相应的 δ 期限内)。

对于规范到期状态监控,如果让监视此规范执行的 Agent 在 δ 期限的每一个时间点都去检测 ρ 目标是否达到,特别是存在多个期限要检测时,开销很大。解决的办法是采用文献[135]的办法,即是采用时钟触发机制(a clock trigger mechanism),也就是当时间期限到时由相关 Agent(集)或对象(集)主动向监视此规范执行情况(δ 为期限,ρ 为目标)的 Agent 发消息,监视此规范执行情况的 Agent 收到相关消息后便检测 ρ 目标是否达到。这样可以大大减轻系统的检测负担。

规范激活条件的消息触发需要相关本体支撑。系统应该定义同一的本体以支持消息的触发。如果把规范激活条件看成是本体定义中的概念模式(概念实例模式或概念模式(concept pattern)是有些槽不是确定槽值而是变量的情况,这里的变量称为"自由变量"(free variable),每一个变量都有一定的变化范围),而把消息触发看成是概念实例(概念实例就是概念模式的一个 instance,也就是每个槽都有槽值或为空值,可以认为概念实例是概念实例模式的一个特例,即当概念模式所有槽值都有固定值的时候就是概念实例了),那么就可以通过概念框架体系中的概念相容匹配等技术来触发规范的执行或者状态目标的检测了。

总之,本书的规范实施是全方位的,因此使得规范全面系统地得到实施。

结论

通过以上实验,我们可以得出结论,分布式监控耗用内存比集中式监控耗用的内存要低得多,抽样检验比通篇样本检验耗用的时间少得多,通过检验筛选得出的服务信任更接近真实的服务信任,而没有经过筛选的离真实信任偏差更大,时间段跨度越大(越是过去的交易数据),误差越大。

通过规范全面实施,有效减少了系统违约,提高了供应链可靠性。

因此,本章提出的框架有力支撑第三方推荐信任的检验,为可靠供应链提供了坚实的技术保证。

第 6 章　实例分析

6.1　多实例层 E 机构

6.2　E 机构 CARREL(器官移植)

6.3　E 机构之间的服务调用

6.4　动态 E 机构——交通十字路口 E 机构

6.5　本章小结

本章介绍多实例层 E 机构和动态 E 机构的实例。对于多实例层 E 机构,本章将通过模拟春运旅客购票进站 E 机构和 CARRELE 机构(器官移植)两个例子加以阐述。从多实例层 E 机构的角度研究 E 机构,制定的协同行为规范涉及对不同实例层之间的协同行为的制约,因而可以通过前面几章的实施机制减少不同实例层之间的协同违规行为的发生。对于动态 E 机构,本章以交通十字路口的管理为例来说明动态调控的一些关键技术。E 机构之间的服务调用问题,则将通过小型会议安排实例来说明。

6.1
多实例层 E 机构

6.1.1 模拟春运旅客购票进站 E 机构

模拟春运旅客购票进站 E 机构是一个典型的基于服务的多实例层 E 机构,用来约束和规范模拟春运旅客购票进站的多 Agent 系统。

该 E 机构中的业务角色有:售票员(TSellor)、退票员(REServor)、安检员(INSpector)、检票员(TCHeckor)、旅客(PAssenger)(包括军人(armyman、残疾人(handicapped)、1.2 米以下旅客(below)、1.2 米到 1.4 米旅客(between)、普通旅客(common))、安检器(INSpecter)、售票系统(Tseller)、检票系统(TCHecker)和退票系统(REServer)。

假设系统有售票员 8 人,分别在 8 个售票窗口;退票员 2 人,分别在 2 个退票窗口;安检员 3 人,分别在 3 个安检口;检票员 8 人,分别在 8 个检票口。

E 机构中的领域知识有:

假设售票时,旅客只站 2 列,军人和残疾人站 1 列(LineS1),其他旅客站另外 1 列(LineS2)。退票时,旅客只站 1 列(LineR),不分军人和残疾人。安检时,旅客只站 2 列,军人和残疾人站 1 列(LineT1),其他旅客站另外 1 列(LineT2)。检票时,8 个检票口各站 1 列(LineC1—LineC8),不分军人和残疾人。分别用谓词 Headof(LineS1)、Headof(LineS2)、Headof(LineR)、Headof(LineT1)、Headof(LineT2)、Headof(LineC1)—Headof(LineC8)表示在 LineS1 队头、在 LineS2 队头、在 LineR 队头、在 LineT1 队头、在 LineT2 队头和在 LineC1 队头至在 LineC8 队头。分别用谓词 Empty(LineS1)、Empty(LineT1)表示 LineS1 和 LineT1 为空。用谓词 free(WindR1)、free(WindR2)分别表示退票窗口 WindR1 和 WindR2 空闲,用 free(WindS1)—free(WindS8)表示售票窗口 1 到售票窗口 8 空闲,用 free(Door1)—free(Door3)表示安检口 1 到安检口 3 空闲,用 free(Gate1)—free(Gate8)表示检票口 1 到检票口 8 空闲。用谓词 Having(Ticket)、Having(TicketHalf)和 Enough(money)表示买了全票、买了半票和有足够的钱购票。

E 机构中的二方协同有:

用 $BinEnqu_{PtoR}$ 表示旅客请求退票员的询问二方协同。用 $BinEnqu_{RtoR}$ 表示退票员请求退票系统的询问二方协同。用 $BinRetur_{PtoR}$ 表示旅客请求退票员的退票二方协同。用 $BinRetur_{RtoR}$ 表示退票员请求退票系统的退票二方协同。用 $BinEnquR_{PtoR}$ 表示编排 $BinEnqu_{PtoR}$;$BinRetur_{PtoR}$,即是询问后再退票。

用 $BinEnqu_{PtoTS}$ 表示旅客请求售票员的询问二方协同。用 $BinEnqu_{StoTS}$ 表示售票员请求售票系统的询问二方协同。用 $BinSell_{PtoS}$ 表示旅客请求售票员的售票二方协同。用 $BinSell_{StoTS}$ 表示售票员请求售票系统的售票二方协同。用 $BinEnquS_{PtoTS}$ 表示编排 $BinEnqu_{PtoTS}$;$BinSell_{PtoTS}$ 。

用 $BinINSpec_{PtoI}$ 表示旅客请求安检员的安检二方协同。用 $BinINSpec_{ItoI}$ 表示安检员请求安检器的安检二方协同。

用 $BinCHeck_{PtoTC}$ 表示旅客请求检票员的检票二方协同。用 $BinCHeck_{TCtoTC}$ 表示检票员请求检票系统的检票二方协同。

模拟春运旅客购票进站 E 机构中的协同规范有(注意,优先规则涉及到某一实例层中的规范的触发条件是跟另一个实例层有关系,如规则 2.1 等):

1.1(队头规则)当旅客位于普通售票队列头,军人售票队列为空,同时有售票窗口空闲时,可以咨询售票情况;

1.2(队头规则)当旅客位于普通售票队列头,军人售票队列为空,同时有售票窗口空闲时,并且身上钱足够买票时,可以咨询和购票或仅仅购票;

2.1(军人、残疾人优先规则)当军人、残疾人位于军人、残疾人售票队列头,普

通人售票队列不为空,同时有售票窗口空闲时,军人、残疾人可以咨询售票情况;

2.2(军人、残疾人优先规则)当军人、残疾人位于军人、残疾人售票队列头,普通人售票队列不为空,同时有售票窗口空闲时,并且身上钱足够买票时,军人、残疾人可以咨询和购票或仅仅购票;

2.3(军人、残疾人优先规则)当军人、残疾人位于军人、残疾人售票队列头,普通人位于普通售票队列头,同时有售票窗口空闲时,并且普通人身上钱足够买票时,普通人禁止咨询或咨询购票或仅仅购票;

3.1(队头规则)当旅客位于退票队列头,同时退票窗口空闲时,可以咨询退票情况;

3.2(队头规则)当旅客位于退票队列头,同时退票窗口空闲时,并且有要退的票时,可以咨询并退票或退票;

4.1(队头规则)当普通旅客位于普通安检队列头,同时军人、残疾人安检队列为空时,同时有全票时,安检口有空时,可以进行安检;

4.2(队头规则)当1.2米以下旅客位于普通安检队列头,同时军人、残疾人安检队列为空时,安检口有空时,可以进行安检;

4.3(队头规则)当1.2—1.4米旅客位于普通安检队列头,同时军人、残疾人安检队列为空时,同时有半票时,安检口有空时,可以进行安检;

5.1(军人、残疾人优先规则)当军人、残疾人位于军人、残疾人安检队列头,同时普通安检队列不为空时,有票时,安检口有空时,可以进行安检;

5.2(军人、残疾人优先规则)当军人、残疾人位于军人、残疾人安检队列头,同时普通安检队列不为空时,同时普通人有票时,安检口有空时,禁止普通人进行安检;

6.1(队头规则)当旅客位于检票队头,身上有票,票上的检票口号与检票口号相符,同时检票口空闲,可以检票。

7.1(及时安检规则)当旅客购票好后,有义务开车前进行安检;

7.2(准时检票规则)当旅客购票好后,有义务开车前进行票检;

7.3(及时退票规则)当旅客购票好后想退票时,允许在开车前退票。

由于制定的协同行为规范涉及对不同实例层之间的协同行为的制约(如规则2.1等),因而可以通过规范实施机制减少不同实例层之间的协同违规行为的发生。可以验证,在以上规范的约束和Agent的遵循下,基于服务的模拟春运旅客购票进站E机构能使模拟春运旅客购票进站的Agent系统动态地(并兼有同步和异步的特性)有序运行。

6.2
E 机构 CARREL(器官移植)

CARRELE 机构的建立最初是为了解决以下问题：

(1)由于病人的数据记录在被 Agent 访问时要保持一定的隐私度，因此需要遵守一定的法律规范，特别是要解决由于世界各地法律不同而在数据共享时存在法律冲突问题；

(2)由于器官或者组织捐赠时具有稀缺性，同时捐赠者与受捐者之间具有是否可匹配性问题，因此，为了提高捐赠的高效性，需要解决受捐者的选择问题、器官或者组织的合理捐赠问题，需要器官或者组织在移植医疗单位之间进行共享，特别是在世界各地的移植医疗单位之间的共享，解决来自世界各地的不同医疗队伍之间的请求与应答的协调问题；

(3)由于世界各地表示数据的格式不同，使用的语言不同，因此，特别是要解决世界不同地区之间的不同格式的数据通信与数据共享问题。

解决第一个问题需要建立对应 E 机构的协同行为规范，解决第二个问题需要建立 Agent 参与自动协作与规划，解决第三个问题需要建立标准本体和统一的 Agent 通讯语言。所有上述问题的解决是为了帮助专家按照法律法规和相应的程序对募捐的器官和组织在各个医院之间进行合理分配和移植并进行决策。

文献[36]从单实例层研究 CARREL E 机构。本书引入此实例的目的是为了从多实例层 E 机构的角度研究 CARREL E 机构，因此制定的协同行为规范应该涉及对不同实例层之间的协同行为的制约，因而可以通过前面几章的实施机制减少不同实例层之间的协同违规行为的发生。相反，以前对行为规范的研究仅仅从单实例层研究协同行为规范，没有涉及不同实例层之间的协同行为的制约，因而不能有效地减少或者避免不同实例层之间的违约。

CARREL E 机构的整个分配和移植交互过程可以用图 6.1 表示。

我们知道，一个服务可以分解成被调用，即消息发送动作、执行改变系统状态的本地动作和调用其他服务，即信息发送动作等原子动作。因此，我们可以把前面 E 机构定义的一个或多个服务整合成一个交互过程。从图 7.1 中可以看出，整个 CARREL 交互过程可以分成 Reception Room(接待多方交互)、Con-

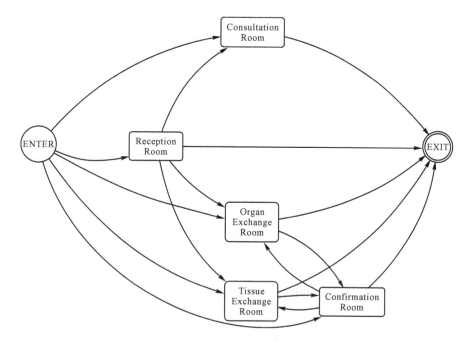

图 6.1　E 机构 CARREL 交互过程

sultation Room(Consultation 多方交互)、Exchange Room(器官移植分配多方交互)和 Confirmation Room(器官移植分配确认多方交互等子交互)。CARREL 涉及的角色有 Hospital Finder(hf)、Hospital Contact(hc)、Hospital Information(hi)、Tissue Bank Notifier(tb)、Reception Room Manager(rrm)、Tissue Exchange Room Manager(trm)、Organ Exchange Room Manager(orm)和 Confirmation Room Manager(cfrm)等角色。下面将一一做介绍。

6.2.1　E 机构 CARREL 中的角色

E 机构 CARREL 中有下列角色：

(1)Hospital Finder(hf)：代表某一个医院负责请求某一器官或者提供某一个器官的角色。

(2)Hospital Contact(hc)：当某一个器官到了时,E 机构负责通知在等待这一个器官的医院队列的某一个医院的 hc 角色,告诉 hc 器官到了。

(3)Hospital Information(hi)：代表某一个医院负责 E 机构信息更新,包括器官库移植时的事件更新,等待队列的更新等。

(4)Tissue Bank Notifier(tb)：代表器官库(tissue banks)有可用器官时负责

通知更新。

（5）Reception Room Manager(rrm)：Reception Room 多方交互的管理者。

（6）Tissue Exchange Room Manager(trm)：Tissue Exchange Room 多方交互的管理者。

（7）Organ Exchange Room Manager(orm)：Organ Exchange Room 多方交互的管理者。

（8）Confirmation Room Manager(cfrm)：Confirmation Room 多方交互的管理者。

（9）Consultation Room Manager(crm)：Consultation Room 多方交互的管理者。

（10）Institution Manager(im)：负责协调各个多方交互的管理者。

6.2.2 E 机构 CARREL 中的多方交互

E 机构 CARREL 中有下列多方交互：

（1）Reception Room(接待多方交互)：外来 Agent 需要担任 tissue request 或者 organ offer 等角色时，通过这个交互进行注册。

（2）Consultation Room(Consultation 多方交互)：对某一个器官涉及的事件进行更新的交互。如 tissue bank 中的角色 tb 通知器官可用，代表医院的角色更新等待队列等。

（3）Exchange Room(器官移植分配多方交互)：包括 Tissue Exchange Room 和 Organ Exchange Room 交互。

（4）Confirmation Room(器官移植分配确认多方交互)：确认后器官一定得移植。

6.2.3 E 机构 CARREL 中的多方交互定义

（1）Reception Room

在 Reception Room(接待多方交互)中(图 6.2)，通过授权机制对请求注册的 Agent 进行验证，以保证请求注册的 Agent 是来自以前经过授权的合法组织（以前颁发了合法的授权证书）。经过验证是来自合法组织的 Agent，请求进入的 Agent 将根据注册的角色分别进入后续交互协议中进行交互。

接待多方交互(图 6.3)中的 Agent ai 请求进入，根据 Agent ai 担任的角色，

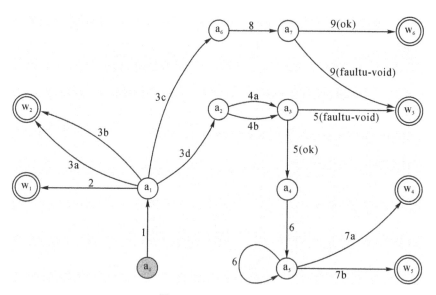

图 6.2　Reception 交互

Msg#	Illocution
1	(request (?x hf|hc|tb) (?y rrm) (admission ?id_agent ?role ?hospital_certificate))
2	(deny (!y rrm) (!x hf|hc|tb) (deny ?deny_reason))
3a	(accept (!y rrm) (!x hc) (accept_hc))
3b	(accept (!y rrm) (!x tb) (accept_tb))
3c	(accept (!y rrm) (!x ho) (accept_ho))
3d	(accept (!y rrm) (!x hf) (accept_hf))
4a	(inform (?x hf) (?y rrm) (petition_tissue ?id_hospital ?urgency_level ?time_to_deliver ?piece_type (?piece_parameters) (?info_recipient)))
4b	(inform (?x hf) (?y rrm) (petition_organ ?id_hospital ?time_for_availability ?piece_type (?piece_parameters) (?info_donor)))
5	(inform (!y rrm) (!x hf) (petition_state ?id_petition ok|faulty))
6	(inform (?y rrm) (?x hf) (init_exchange ?piece_type ?id_exchange_room))
7a	(request (?x hf) (?y rrm) (tissue_exchange_entrance_request !id_exchange_room))
7b	(request (?x hf) (?y rrm) (organ_exchange_entrance_request !id_exchange_room))
8	(inform (?x ho) (?y rrm) (called_for_organ ?id_hospital !id_petition)
9	(inform (!y rrm) (!x hf) (called_state !id_petition ok|faulty))

图 6.3　Reception 交互消息

此请求可以被通过(由消息 3a,3b,3c,3d 刻画),或被拒绝(由消息 2 刻画,此时退出到状态 w1),通过时将进行下面的交互:(1)进入 Consultation 多方交互;(2)如果 Agent ai 代表某医院提出请求,那么此请求将被检查(消息 4 和 5),此时 Agent ai 等到可以进入移植多方交互进行组织或者器官分派(进行组织分派的由消息 6 和 7a 刻画,进行器官分派有 6 和 7b 刻画);(3)如果是有 E 机构常驻 Agent 通知有器官提供,将进入器官多方交互。

(2)Consultation Room

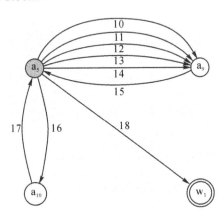

图 6.4　Consultation 交互

Msg#	Illocution
10	(inform (?x hc) (?y crm) (piece_arrival ?id_hospital ?id_tissue_bank ?id_piece (?state)))
11	(inform (?x hc) (?y crm) (transplantation_eval ?id_piece ?id_recipient ?date (?info_transplantation)))
12	(inform (?x tb) (?y crm) (tissue_bank_update ?id_tissue_bank ?id_piece (?specifications)))
13	(inform (?x hc) (?y crm) (waiting_list_update ?id_hospital ?id_piece ?id_recipient ?time_in (?info_recipient)))
14	(inform (?x hc) (?y crm) (maximum_urgency_level_update ?id_hospital ?id_piece ?id_recipient ?urgency_level ?time_in (?info_recipient)))
15	(inform (!y crm) (!x hc|tb) (notification_ack !id_piece ok|error))
16	(query-if (?x hc) (?y crm) (?query))
17	(inform (!y crm) (!x hc) (query_results (?results)))
18	(request (?x hc|tb) (?y im) (end))

图 6.5　Consultation 交互消息

在图 6.4 和 6.5 中,Consultation 交互主要是进行以下的事情:(1)对所有可用的移植组织进行信息更新;(2)对医院等待队列(需求器官)的状态进行更新;(3)CARREL 系统已经分派的组织器官信息进行更新。

(3)Organ Exchange Room

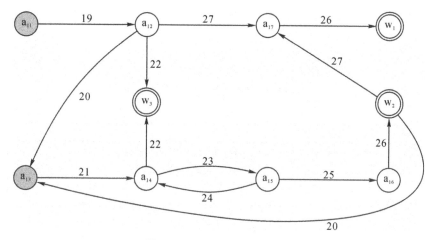

图 6.6　Organ Exchange 交互

Msg#	Illocution
19	(query-if (?x hf) (?y orm) (recipient_for_organ ?id_petition))
20	(query-if (?x orm) (?y hc) (call_for_recipient ?id_recipient !id_petition ?time_for_availability ?piece_type (?piece_parameters) (?info_donor)))
21	(inform (!y hc) (!x orm) (call_answer !id_petition ?id_hospital))
22	(inform (?x orm) (?y hf) (recipient_found !id_petition !id_recipient !id_hospital))
23	(query-if (?x hc) (?y orm) (change_recipient (!id_previous_recipient ?id_new_recipient ?change_reason)))
24	(inform (!y orm) (!x hc) (accept_change))
25	(inform (!y orm) (!x hc) (reject_change reason))
26	(request (?x hf|hc) (y im) (exit ?exit_reason))
27	(inform (?x orm) (?y hf) (recipient_not_found reason))

图 6.7　Organ Exchange 交互消息

在图 6.6 和 6.7 中描述的是 Organ Exchange Room(器官多方交互),它是进行器官交易的场所。Agent ai(hospital Finder Agent)拥有可用的器官(状态 a11 和 a12),等待需要此器官的接收者已经找到(消息 22,从状态 w3 退出),或者没有找到需要者(消息 27 导致通过状态 w1 退出)。机构常驻角色根据存储在 CARREL 数据库中的等待列表告诉 Agent ai 需要此器官的接收者在哪里

（消息 20），此时 Agent ai 回答接受者是否需要此器官（消息 20）。

(4)Tissue Exchange Room

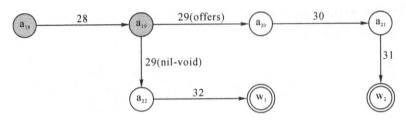

图 6.8　Tissue Exchange 交互

Msg#	Illocution
28	(query-if (?x hf) (?y erm) (offer_list ?id_petition))
29	(inform (!y erm) (!x hf) (offer_list !id_petition (list (?id_piece1 ?info_piece1) ... (?id_piecen ?info_piecen)))
30	(inform (?x hf) (?y erm) (weighted_list !id_petition (list (!id_piece1 ?weight) ... (!id_piece1 ?weight)))
31	(query-if (?y erm) (?x hf) (piece_offer (?id_petition ?id_piece ?cost_estimation)|void))
32	(request (?x hf) (y im) (exit ?exit_reason))

图 6.9　Tissue Exchange 交互消息

在图 6.8 和 6.9 中描述的是 Tissue Exchange Room（组织多方交互），它是进行组织交易的场所。Agent ai(hospital Finder Agent)请求组织提供。机构常驻角色提供可用的组织列表（消息 29），这列表将由 ai 进行选择。此时常驻角色将对被选的组织进行分派并处理冲突（两个 Agent 同时对同一个组织感兴趣）。当分派进行后（消息 31），Agent ai 将通过状态 w2 进入确认多方交互进行最后的确认。

(5)Confirmation Room

图 6.10 和 6.11 描述的是确认多方交互。在确认多方交互中，在 Organ Exchange Room（器官多方交互）或者 Tissue Exchange Room（组织多方交互）进行的分派要么被确认（最终成交），要么被退回（成交失败）。Agent ai 进行被分派的器官或者组织的特征数据分析，然后拒绝或者接收（消息 33）。如果 Agent ai 需要并且没有优先级更高者请求，那么交易成功（消息 34）。

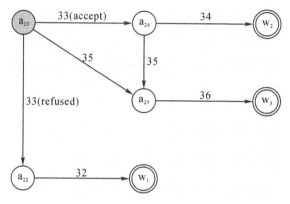

图 6.10 Confirmation 交互

Msg#	Illocution
32	(request (?x hf) (y im) (exit ?exit_reason)
33	(inform (?x hf) (?y cfrm) (piece_eval ?id_petition ?id_piece accepted|refused))
34	(inform (?y cfrm) (?x hf) (piece_delivery ?id_petition ?id_hospital ?id_tissue_bank ?delivery_plan))
35	(inform (?y cfrm) (?x hf) (piece_reassigned_exception ?id_petition ?id_piece ?reassignment_reason))
36	(query-if (?x hf) (?y cfrm) (another_offer_list ?id_petition))

图 6.11 Confirmation 交互消息

6.2.4 E 机构 CARREL 中的多实例层交互

当有多个医院请求或者可以募捐器官时,CARRELE 机构便成为多实例层 E 机构。因此制定的协同行为规范应该涉及对不同实例层之间的协同行为的制约,因而可以通过前面几章的实施机制减少不同实例层之间的协同违规行为的发生。例如,当某一个器官请求者到了 Reception Room 时,它的优先级很高,请求消息格式是规范的,同时还没有器官分配到此请求者,那么此时在 Confirmation Room 中不要有确认交互。该规范可以形式化表示成:

IF a request has arrived in the reception room(R),

AND the request is high-priority(H),

AND the request is well-formed(W),

AND no piece has yet been assigned to the request(N),

THEN there can be no assignment confirmation in the Confirmation room(M).

171

此时,此规范可以形式化表示成:O(M/R∧H∧W∧N∧M)。其中,M 是第 i 实例层中的行为,而 R∧H∧W∧N∧M 是第 j 实例层满足的条件。因此,此规范涉及对不同实例层之间的协同行为的制约,可以通过合理设置此规范的异常下所承担的义务,或者通过规范实施的预先机制,有效地减少不同实例层之间的协同行为违约事件的发生。

E 机构之间的服务调用

E 机构之间的服务调用源自用户通过 Web 页面请求以安排小型会议为业务目标的 MMA Agent 为其安排小型会议。依据实现这类目标的本地业务过程（图 6.12）面向服务提供目标"小型会议安排"的业务活动通过由下层业务活动组成的本地业务过程来实现。其中，前 5 个下层活动并发执行，并分别调用外部服务来完成；下层活动 6 则由本地服务完成，用于显示安排结果。hr: HotelReserve. HotelReserve 指示调用定义于 E 机构"旅店预约"（以前缀 hr 指示）的服务"HotelReserve"下属的操作"HotelReserve"，v_HotelRequirement 作为操作的输入参数。参数赋值或生成语句也应包含于该业务过程，但为突出业务活动而被略去。）

```
(? (concurrency  (? ($hr:HotelReserve.HotelReserve v_HotelRequirement))

        (? ($br:BoozeReserve.BoozeReserve v_BoozeRequirement))

        (? ($ds:RetailBroker.CreateOrder v_PurchaseOrder))

        (? ($ts:TourService.TourReserve v_TourRequirement))

        (? ($tts:TravelTicketService.TicketBuy v_TicketRequirement))))
(? ($InsideService.DisplayArrangementResult v_HotelRequirement v_BoozeRequirement
        v_PurchaseOrder v_TourRequirement v_TicketRequirement))
```

图 6.12　MMA 的本地业务过程

```
ACDP RemembranceAProperties
      Material: ("玉石", "木质", "金属");
      Colour: ("红", "蓝", "绿", "黄", "黑");
      ColourMethod: ("本色", "涂料", "油漆");
ACDP RemembranceAUseCondition
      Humidity: ("干燥", "湿润", "无要求");
      Temperature: ("低温", "室温", "无要求");

      说明：给纪念品类 "RemembranceA" 的2个适用性
  描述方面：Properties、UseCondition，分别制定的适用
  情景描述模式（ACDP）
```

图 6.13　适用情景描述模式

设服务提供者pro指定的关于RemembranceA在Properties和UseCondition
方面的适用情境分别为:
> Material: ("木质", "金属");
> Colour: ("红", "蓝", "绿");
> ColourMethod: ("本色", "涂料", "油漆");
> Humidity: ("干燥", "湿润");
> Temperature: ("室温", "无要求");

服务需求者req指定的适用情境分别为:
> Material: ("木质", "玉石");
> Colour: ("黄", "蓝", "绿");
> ColourMethod: ("本色");
> Humidity: ("干燥");
> Temperature: ("无要求");

图 6.14 req 的使用情境

MMA 发现前 5 个并发的下层业务活动需调用其他 Agents 提供的服务来完成,就通过启动中介 Agent 提供的"伙伴推荐"服务来获取潜在的协同伙伴;并在经协商选定服务提供者后,按照分别定义于 5 个应用域 E 机构(旅店预约、酒宴预定、零售代理、旅游服务、旅行票务)的服务供、需标准,调用这些服务提供的操作去完成安排小型会议的目标。为准确推荐适用的服务提供者,隶属于应用域 E 机构的应用域本体定义了应用域服务分类体系和服务适用情景描述模式,作为描述业务服务提供(或需求)能力和适用性的共享规范。以"零售代理"E 机构为例,其定义了零售物品的分类体系,并为每个底层分类制定了服务(所提供物品)的适用情景描述模式。本例中给出关于纪念品类"RemembranceA"的适用情景描述模式(图 6.13),使服务供、需方各自指定的适用情景具有一致的语义。若服务提供者 pro 和需求者 req 的指定的适用情景如图 6.14 所示,则 pro 就是符合 req 适用情景约束的服务提供者。

动态 E 机构——交通十字路口 E 机构

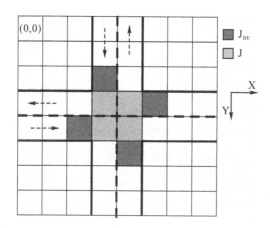

图 6.15　由方格组成的十字路口

首先对交通十字路口的管理建模成 E 机构,然后通过对交通十字路口的交通规范参数进行动态调整以达到调控车子减少车子相撞事故等目标。

我们可以把交通管理局比作多 Agent 系统的 E 机构,交通管理局制定的交通管理制度比作 E 机构的规范,十字路口运行的车子比作 External Agent,警察比作 institutional Agent。

E 机构环境建模成由 8×8 的方格块和两条垂直相交的道路(每条道路有来去两个方向,并且每条道路由方格组成)组成(图 7.15),每个方格的大小恰好等于过路车子的大小。

首先介绍下列术语:

A_i:Agent i,Agent 代表车子;

t:离散的时间点;

(J_x, J_y):十字路口区域中 x,y 方向的尺度大小;

J:十字路口区域,而 $((x_0^J, y_0^J)$ 是该区域的最左上的方格,

$$J = \{(x, y) | x \in [x_0^J, x_0^J + J_x - 1], y \in [y_0^J, y_0^J + J_y - 1]\}$$

如图 6.15,十字路口区域由 4 个方格组成,

$J = \{(x_0^J, y_0^J), (x_0^J+1, y_0^J), (x_0^J, y_0^J+1), (x_0^J+1, y_0^J+1)\}$

J_{BE}：十字路口区域的车子驶入点，

$J_{BE} = \{(x_0^J, y_0^J-1), (x_0^J-1, y_0^J+Jy-1), (x_0^J+Jx-1, y_0^J+Jy), (x_0^J+Jx, y_0^J)\}$

(x_i^t, y_i^t)：Agent i 的位置，

(h_{ix}^t, h_{iy}^t)：车子 Ai 的前进方向，当沿着 x,y 的正方向运动时，h_{ix}^t，h_{iy}^t 分别为 1，当沿着 x,y 的负方向运动时，h_{ix}^t，h_{iy}^t 分别为 −1，当静止不动时，h_{ix}^t，h_{iy}^t 分别为 0。

E 机构的环境属性可以定义成：

$Pe = \{(x,y,\alpha,r,dx,dy)\,|\,0 <= x <= max_x, 0 <= y <= max_y, \alpha \subseteq P(A), r \in [0,1], dx \in [-1,0,1], dy \in [-1,0,1]\}$

其中，x 和 y 是方格位置，α 是方格中 Agent 个数，r 代表此方格是否在交叉的两条路上，dx 和 dy 分别表示此方格允许的车子分别在 x,y 上的前进方向。

我们用 P_e^t 表示 t 时刻 E 机构的环境属性。

Agent 的 E 机构属性可以定义成：

$a_i = \{x_i, y_i, h_{ix}, h_{iy}, speed_i, indicator_i, offences_i, accidents_i, distance_i, points_i\}$

这些属性分别表示：A_i 的位置，前进方向，速度，运行方向是否发生变化，违反的规范，是否发生交通事故，与前面车子的距离，信用值。我们有 a_i^t 表示时刻 tA_i 的 E 机构属性。

E 机构的参考值可以表示成：$V = \langle num\_collisions, num\_crashed, num\_offenses, num\_blocked \rangle$。其中，num_collisions 是车子的碰撞次数，num_crashed 是车毁次数，num_offenses 是规范违反次数，num_blocked 是车子被阻的个数。

向后 t_w 个时间点（$0 \leq t_w \leq t_{now}$）的碰撞次数可以如下计算：

$$num\_collisions = \sum_{t=tnow-tnow\,tw} \sum e \in P_e^t f(e_\alpha^t), \qquad f(e_\alpha^t) = \begin{cases} 1 & 如果\ e_\alpha^t > 1 \\ 0 & 其他 \end{cases}$$

目标 G 可以定义成 $G = \langle num\_collisions \in [0, maxcollisions], num\_crashed \in [0, maxcrashed], num\_offenses \in [0, maxoffenses], num\_blocked \in [0, maxblocked] \rangle$。

当系统有多个目标要满足时，可以产生多个目标的综合目标 O(V)：

$O(V) = \sum_{i=1}^{|G|} w_i SQRT(f(g_i(V), [m_i, M_i], \mu_i))$

其中，$1 \leq i \leq |G|$；w_i 是权值，满足 $\sum w_i = 1$；SQRT 是平方根；f(x, [m, M],

$\mu)\in[0,1]$,是满足某一目标的程度,可以表示成:当 $x\langle m$ 时,$f(x,[m,M],\mu)=\mu/(e^{k(m-x)/(M-m)})$,当 $x\in[m,M]$ 时,$f(x,[m,M],\mu)=1-(1-\mu)(m-x)/(M-m)$,当 $x\rangle m$ 时,$f(x,[m,M],\mu)=\mu/(e^{k(x-M)/(M-m)})$。

E 机构通过制定规范来约束 Agent,使 Agent 完成 E 机构的既定目标。规范对拒绝遵循它的 Agent 实施惩罚,惩罚力度作为规范的参数,其值可以进行修改,从而使得规范产生必要的震慑力。交通十字路口规范包括右边优先规则和前面优先规则等。如图 6.16(a)所示,根据右边优先规范,车子 Ai 得让 Aj;如图 6.16(b)所示,根据前边优先规范,车子 Ai 得让 Aj。右边优先规则和前面优先规则可以用图 6.17 来表达。

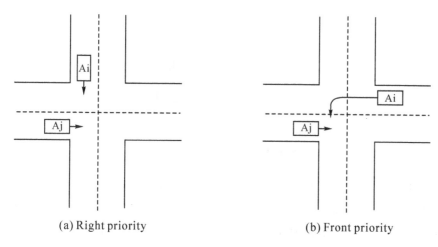

(a) Right priority   (b) Front priority

图 6.16 十字路口的右边和前边规范

	Right priority norm	Front priority norm
Action	$in(a_i,J_{BE},t-1)\wedge$ $in(a_i,(x_i^{t-1}+h_{ix}^{t-1},y_i^{t-1}+h_{iy}^{t-1}),t)\wedge$ $indicator(a_i,right,t-1)$	$in(a_i,J_{BE},t-1)\wedge$ $in(a_i,(x_i^{t-1}+h_{ix}^{t-1},y_i^{t-1}+h_{iy}^{t-1}),t)\wedge$ $indicator(a_i,left,t-1)$
Pre-conditons	$right(a_i,a_j,t-1)$	$in(a_i,J_{BE},t-1)\wedge$ $front(a_i,a_j,t-1)$
Consequence	$points_i^t=points_i^t-fine_{right}$	$points_i^t=points_i^t-fine_{front}$

图 6.17 十字路口的右边和前边规范表达

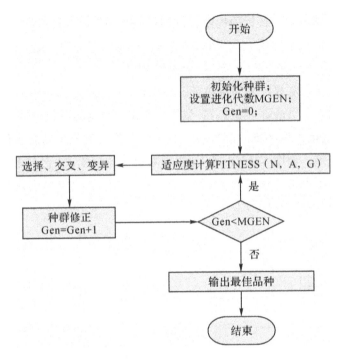

图 6.18 规范参数遗传算法

规范变换函数是 $\delta:N\times G\times V\to N$,即把规范集合变换到新的规范集上,本章只考虑参数变换,这可以通过遗传算法来实现。规范的每一个参数名称都有一个取值范围。假设规范 Ni 有 m 个参数,Ni 可以表示成 $\langle pi1,pi2,\cdots,pim\rangle$,其中,pi1 是规范 Ni 的第一个参数,pi2 是规范 Ni 的第二个参数,pim 是规范 Ni 的第 m 个参数。遗传算法中的群体用 $\langle I1,I2,\cdots,In\rangle$ 来表示,Ii 是第 i 个个体。每一个个体是规范参数的集合 $\{(p_{11},p_{12},\cdots,p_{1j},\cdots,p_{1m}),(p_{21},p_{22},\cdots,p_{2j},\cdots,p_{2m}),\cdots,(p_{n1},p_{n2},\cdots,p_{nj},\cdots,p_{nm})\}$。正如第 3 章一样,假设每个 Agent 主观因素有 3 个,分别是 fulfil-prob、high-punishment 和 inc-prob。其中,fulfil-prob 是执行规范的初始概率,high-punishment 是 Agent 衡量某一个规范的惩罚力度高低的门槛值,inc-prob 是 Agent 初始概率的增加值。final-prob 是 Agent 实际执行规范的概率。当规范的惩罚力度大于 high-punishment 时,Agent 的实际遵循规范的概率 final-prob = fulfil-prob + inc-prob;当规范的惩罚力度小于 high-punishment 时,final-prob = fulfil-prob。

显然,对于系统中特定的 Agent 群体,由于此群体中的 Agent 的 3 个主观因素有特定值,因此为了达到 E 机构的特定目标,此群体对应的规范要有特定的参数值,规范对应的特定参数值由遗传算法学习得到。显然,对于不同的 Agent 群体,为了达到 E 机构的特定目标,对应的规范参数值是不一样的。图 6.18 是通过遗传算法调整规范参数。

因此,我们要做的事情是,通过遗传算法,得出 Agent 群体空间中不同群体对应的规范参数值,并把它们存储在规范参数数据库中,当 Agent 群体发生变化时,直接从规范参数数据库中读取对应的规范参数设置 E 机构的规范。

算法做了以下约定:

(1)把交通管理部门作为 E 机构,交通规则直接作为 E 机构规范。

(2)Agent 是十字路口的车子,每一个 Agent 有一个初始信任值,当 Agent 违反规范时,信任值将被罚。信任的减少数量是由规范的惩罚力度来决定,惩罚力度是规范的唯一考虑参数。惩罚力度由遗传算法自动修改到最佳。

(3)十字路口没有信号指示灯,只有规范管理车子的运行。

(4)系统设置一个令牌(仿照令牌环网络的原理),第一个 Agent 首先得到令牌,按自己的行走路线和速度走一个时间单位,然后把令牌交给下一个 Agent,下一个 Agent 也按自己的行走路线和速度走一个时间单位,然后把令牌交给下下一个 Agent,依次到最后一个 Agent 按自己的行走路线和速度走一个时间单位后把令牌交给第一个 Agent,然后循环。

(5)每一个 Agent 的心里模型中有自己的行走路线和已走路线。行走路线是解决 Agent 将怎么走的问题。可以将行走路线建模成一个数组,数组的每一个元素的值为某一方格的坐标(包括 x 和 y 坐标值)。例如,如果数组的第一个元素的坐标为(x_0^j, y_0^j),第二个元素的坐标(x_0^j+1, y_0^j),则表示 Agent 的行走路线为沿 x 轴正方向前进一个单位。已走路线也建模成一个数组,数组的每一个元素记载了令牌循环的次数和按行走路线走时走到的位置(令牌环循环到第几次时 Agent 所处的位置)。例如,如果数组的第一个元素记载的令牌循环的次数为 0,坐标为(x_0^j, y_0^j),第二个元素记载的令牌循环的次数为 1,坐标为(x_0^j+1, y_0^j),表明系统令牌还没有接力的时候 Agent 所处的位置是(x_0^j, y_0^j),在第一次令牌接力时 Agent 走到了(x_0^j+1, y_0^j)方格。

(6)每一个 Agent 有一个速度问题。如果某一个 Agent 的速度为 1,则该 Agent 接到令牌后首先在已走路线数组中找到最后一个元素(下标为 j)的坐标值,然后按此坐标值查找其在行走路线数组对应元素的下标 i,从行走路线数组的第 i+1 个元素中读取坐标值写到已走路线数组的第 j+1 个元素中,然后传递令牌。如果某一个 Agent 的速度为 5,则该 Agent 接到令牌后首先在已走路线数组中找到最后一个元素(下标为 j)的坐标值,然后按此坐标值查找其在行走路线数组对应元素的下标 i,从行走路线数组的第 i＋5 个元素中读取坐标值写到已走路线数组的第 j＋1 个元素中,然后传递令牌。

(7)Agent 要做碰撞检查。Agent 接到令牌(假设此时次数为 i)后要按行走路线确定自己要走的位置(坐标),然后检查其他 Agent 的已走路线数组中对应元素令牌次数为 i 时的坐标值,检查这坐标值与自己要到达的坐标值是否相同,相同则表明碰撞。而且当 Agent 的速度不为 1 时,有可能与其他 Agent 的已走路线产生交叉,产生交叉时也算是碰撞。产生碰撞时 Agent 检查是自己违规还是其他 Agent 违规,然后通报警察 Agent 做统计、惩罚等。

(8)Agent 要检查自己的行动是否符合规范。Agent 接到令牌(假设此时次数为 i)后首先查其他 Agent 的对应令牌值为 i－1 的已走路线数组元素的坐标值,同时查自己的对应令牌值为 i－1 的已走路线数组元素的坐标值,也查自己的行走路线数组确定本次令牌要走到的坐标值。用这三个坐标值去匹配规范(所有的规范也可以放在一个数组中)。如果不违规,则 Agent 可以放心地走到本次令牌要走到的坐标值,如果违规,则依据公式 final-prob＝fulfil-prob＋inc-prob 产生走到本次令牌要走到的坐标值的概率,按此概率(可以参考第 6 章模拟实验的方法)走到本次令牌要走到的坐标值。如果按此概率执行时得到不动的结果,则此 Agent 把自己的对应令牌值为 i－1 的已走路线数组元素(元素下标为 m)的坐标值复制到下标为 m＋1 的元素中,同时记载下标为 m＋1 的元素的令牌值为 i,表明本次接力 Agent 未动。

(9)警察 Agent 要定期地修改规范参数和做相应的处罚。警察 Agent 也参与令牌接力,但它参与令牌接力时不是行走,而是按遗传算法的要求修改规范的参数值(主要是处罚力度值)和做相应的处罚。

(10)实验对个体适应度的测定可以用 5000 个时间单位来完成,共测定 5 次,求出平均值个体的适应度,遗传算法的迭代次数设定 500 次。

实验表明,不同的 Agent 群体对应的活动情况不一,为了使得撞车事故减少到最低,要求规范的参数是不一样的。由于十字路口的车子随时间的变化会发生变化,所以规范的参数(惩罚力度)也会随时间的变化而变化,从而说明我们的 E 机构动态模型是科学的。

实验的结构如表格 6.1 所示:

表格 6.1　实验结果

参数	Agent 群体 1	Agent 群体 2	Agent 群体 3
fulfil-prob	0.5	0.5	0.5
high-punishment	5	10	14
inc-prob	0.4	0.4	0.4
学习到的规范惩罚力度参数	14	12	15

5 6.5
本章小结

　　本章分别阐述了模拟春运旅客购票进站 E 机构、CARRELE 机构、动态 E 机构和 E 机构之间的服务调用等实例，用这些实例论证了多实例层规范描述、动态 E 机构调控机理和 E 机构之间的服务匹配等技术的可行性。通过本章的论述，有力地证明了前面章节观点的科学性和合理性。

第 7 章 结论与展望

7.1 本书工作总结

7.2 未来工作展望

7.1
本书工作总结

如何建立可信可控的虚拟组织,以支持企事业单位之间的资源共享以及协同问题求解,支持可靠供应链是一个挑战性问题。使用面向服务的架构来支持虚拟组织的构建,通过服务协同方式完成虚拟组织的功能需求,是实现虚拟组织的一个有效方式。但在构建虚拟组织的过程中存在四大问题:一是"可信"危机问题;二是管理复杂性问题;三是规范的实施问题;四是 E 机构模型问题。针对这四个问题,本书提出了规范约束的 Agent 可信协同模型与机制研究。从面向自治计算的可信的多 agent 服务协同系统构架、E 机构模型、多 E 机构系统和 n 纬基于规范的服务匹配、规范表达与实施、$DRQS_{HCT}$ Agent 支持的 VO 及其演化和实例分析几个方面进行阐述。主要成果包括如下几个方面:

(1)多层次的 E 机构的混合模型和运行协议。

定义了 E 机构的混合模型,以求较全面地反映 Agent 交互协议。Agent 的交互系统是多层次的,例如,在售票系统中,担任售票员角色的人员可以有多个,同理,担任旅客角色的人员可以多个。于是售票交互系统是多层次的交互,不是单个售票员与单个旅客的交互,而是同一个时间段里多个售票员与多个旅客的交互。于是就有了多层次的混合 E 机构模型的定义。

限于目前 E 机构的研究停留在一层实例层,因此 E 机构对多 Agent 运行的描述也仅仅停留在一层实例层上,比如,目前的 E 机构研究很好地描述了 VO 的组建过程。但对于多层实例层的运行描述,现行 E 机构运行协议不提供支持。例如,售票交互系统是多层次的交互,现行 E 机构无法提供协议支持售票交互系统整体运行情况。通过基于动作事件的动态逻辑刻画多层实例的运行情况,可以克服 E 机构对多 Agent 的运行描述仅仅停留在一层实例层上的弊端。

(2)动态 E 机构模型及其调控机理。

由于环境变化,或者管理需要,人类的管理体制随时间而改变。作为人类体制的一个对应面,E 机构也必须改变。我们所说的动态 E 机构指的是由于 E 机构目标、环境或者用户或设计的介入,E 机构经历的一系列的变化。正是因为这些原因,所以我们需要描述一个动态 E 机构模型。动态 E 机构从 E 机构元素和相应参数随时间而改变来阐述的,交通管理 E 机构阐述了动态 E 机构模型的科学性。

（3）规范的全面性实施方法。

对于规范的实施问题,传统的方法是设置制裁规范以对违约 Agent 进行制裁。不同于这种对规范实施的事后处理方式,本书的规范的实施方式包括规范执行前的实施方式（包括基于规范的服务匹配和协作前的基于合同信任的方案选择机制）、规范执行时的实施方式（规范的内化）和规范执行后的实施方式（违约制裁与系统演化）,因此较为全面系统。

（4）DRQS$_{HCT}$ Agent 模型。

为降低开放环境下规范实施的风险,提出 DRQS$_{HCT}$ Agent 模型。模型引入服务合成和处方产生任务的多个求解方案,通过品行信任度和服务信任度定义直接信任,通过定义多个服务信任度克服服务信任度的掩盖性,通过群体推荐克服个体链推荐的不足,通过计算方案信任度来选择并优化求解方案。模型提高了计算信任度的合理性和可操作性,同时由于引入基于合同的约束,Agent 的自组织协作既是可信的,又提高了可靠性。最后通过设计实例和实验证实了模型更适合开放环境下的可信协同问题求解。

（5）阐述了第三方推荐信任检验框架

在互联网上往往没有足够的直接交易记录用于计算协同方的直接信任度。此时考察间接信任成为关键。在第三方存在不诚实推荐或者恶意推荐时,一一对第三方的交易数据进行核对开销很大,只能在一定的显著水平下对第三方的交易数据进行"抽样",核实其推荐信任度,通过抽样核实是否存在虚假交易。

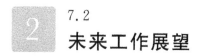

7.2
未来工作展望

对上述研究工作，我们认为还有一些问题值得进一步探讨：

如何建立模型正确性、有效性和完整性的判定算法和机制。

如何判定 E 机构逻辑、规范逻辑和 Agent 逻辑的有效性、正确性、完备性和一致性等问题。

参考文献

[1] KEPHART,O. , CHESS, M. The Vision of Autonomic Computing[J].
    IEEE Computer, 2003,36(1):41—50.

[2] HORN P.. Autonomic Computing[J]. IBM's Perspective on the State of
    Information Technology,2001(15):30.

[3] BONINO D. , BOSCA A. , CORNO F. , et al. An agent based autonomic
    semantic platform [C]. Proceedings. International Conference on Autonomic
    Computing, 2004: 189—196.

[4] WHITE S. R. , HANSON J. E. , WHALLEY I. , et al. An architectural
    approach to autonomic computing[C]. Proceedings. International Conference
    on Autonomic Computing, 2004: 2—9.

[5] TESAURO G. , CHESS D. M. , WALSH W. E. , et al. A multi-agent
    systems approach to autonomic computing [C]. Autonomous Agents and
    Multiagent Systems, 2004: 464—471.

[6] TIANFIELD H. , UNLAND R.. Towards autonomic computing systems
    [J]. Engineering Applications of Artificial Intelligence, 2004, 17(7): 689
    —699.

[7] KEPHART J. O. , CHESS D. M.. The vision of autonomic computing[J].
    Computer, 2003, 36(1): 41—50.

[8] KEPHART J.O. , Research challenges of autonomic computing[C]. Proceedings
    of the 27th International Conference on Software Engineering, 2005.

[9] GERALD T, et al. A Multi-Agent Systems Approach to Autonomic
    Computing [C]. Proceedings of the International Conference on Autonomous
    Agents and Multi-Agent Systems, 2004:464—471.

[10] HUAGLORY T. Multi-Agent Autonomic Architecture and Its Application in
    E-Medicine[C]. In: Proceedings of the IEEE/WIC International Conference on
    Intelligent Agent Technolocy (IAT'03), 2003: 601—604.

[11] HUAGLORY T. Multi-Agent Based Autonomic Architecture for Network

Management〔C〕. Workshop on Autonomic Computing Principles and Architectures（AUCOPA），2003.

〔12〕 Steve R. ，White，et al. An Architecture Approach to Autonomic Computing 〔C〕. In：Proceedings of the International Conference on Autonomic Computing （ICAC'04），2004：2—9.

〔13〕 RAO A. S. ，GEORGEFF M. P. . An abstract architecture for rational agents〔C〕. Proceedings of Knowledge Representation and Reasoning，1992：439—449.

〔14〕 RAO A. S. ，GEORGEFF M. P. . Modeling Rational Agents within a BDI-Architecture〔C〕. Proceeding of the 2nd International Conference on Principles of Knowledge Representation and Reasoning，1991：473—484.

〔15〕 COHEN P. R. ，LEVESQUE H. J. . Intention is Choice with Commitment 〔J〕. Artificial Intelligence，1990，42（2—3）：213—261.

〔16〕 KONOLIGE K. ，POLLACK M. E. . A representationalist theory of intention 〔C〕. Proceedings of the Thirteenth International Joint Conference on Artificial Intelligence，1993：390—395.

〔17〕 胡山立，石纯一. Agent 意图的双子集语义改进模型〔J〕. 软件学报，2006，17（3）：396—402.

〔18〕 胡山立，石纯一. Agent—BDI 逻辑〔J〕. 软件学报，2000，11（10）：1353—1360.

〔19〕 康小强，石纯一. 基于 BDI 的多 Agent 交互〔J〕. 计算机学报，1999（22）：1166—1171.

〔20〕 康小强，石纯一. 一种理性 Agent 的 BDI 模型〔J〕. 软件学报，1999（10）：1268—1274.

〔21〕 徐晋晖. 一个具有个性的 Agent 实现机制〔J〕. 计算机研究与发展，2000（38）：648—652.

〔22〕 廖备水. 基于 PDC—Agent 的面向服务的自治计算研究〔D〕. 杭州：浙江大学，2006.

〔23〕 DIGNUM F. ，SONENBERG L. ，KINNY D. . Formalizing motivational attitudes of agents：On desires，obligations and norms 〔C〕. Proceedings of the Second International Workshop of Eastern，2001：61—70.

〔24〕 DIGNUM F. ，KINNY D. ，SONENBERG L. . From Desires，Obligations and

Norms to Goals [J]. Congitive Science Quarterly, 2002, 2(3—4): 407—430.

[25] BROERSEN J., DASTANI M., VAN DER TORRE L.. BDIO-CTL: Obligations and the specification of agent behavior [C]. Proceedings of IJCAI2003,2003:1389—1390.

[26] 廖备水，高济. PDC-Agent 支持的动态自组织系统 [J]. 计算机辅助设计与图形学学报，2006，18(2)：217—224.

[27] LIAO B. S., GAO J.. A Model of Multi-agent System Based on Policies and Contracts [J]. Lecture Notes in Computer Science, 2005, 3690(1): 15—17.

[28] 彭艳斌,廖备水,高济. 扩展的 Agent 思维状态模型——NPCD-Agent[J]. 浙江大学学报:工学版,2008,41(5):768—773.

[29] DIGNUM F., Abstract norms and electronic institutions[C]. Proceedings of the International Workshop on Regulated Agent-Based Social Systems: Theories and Applications (RASTA'02), AAMAS, 2002: 93—104.

[30] DASTANI M., Dignum F., Dignum V.. Organizations and Normative Agents[C]. Proc. First Eurasian Conference on Advances in Information and Communication Technology—Eurasia ICT, Tehran, Iran, LNCS 2510, 2002: 982—989.

[31] DIGNUM V., Meyer J J., Weigand H.. Towards an Organizational Model for Agent Societies Using Contracts[C].Proc. of AAMAS, the 1st International Joint Conference in Autonomous Agents and Multi-Agent Systems,Bologna, 2002.

[32] GROSSI D., DIGNUM F.. From abstract to concrete norms in agent institutions[C]. Third International Workshop, FAABS 2004, Lecture Notes in Computer Science, Springer-Verlag, 2004: 12—29.

[33] VÁZQUEZ-SALCEDA J., Aldewereld H., and Dignum F.. Norms in multiagent systems: from theory to practice[J]. International Journal of Computer Systems Science & Engineering, 2004, 20(4):95—114.

[34] DIGNUM V., Vázquez-Salceda J., Dignum F.. OMNI: Introducing Social Structure, Norms and Ontologies into Agent Organizations[C]. PROMAS, 2004:181—198.

[35] DIGNUM V.. A Model for Organizational interaction: Based on Agents, Founded in Logic[D]. Ph. D. Thesis, Utrecht University, ISBN 90−393 −3568, 2003.

[36] VÁZQUEZ-SALCEDA, J.. The Role of Norms and Electronic Institutions in Multi-Agent Systems Applied to Complex Systems: The HARMONIA framework[D]. Ph. D. Thesis, Technical University of Catalunia, Barcelona, 2003.

[37] VÁZQUEZ-SALCEDA J., DIGNUM F.. Modeling Electronic Institutions [C]. Proc. of Central and East European Conference in Multi-Agent Systems (CEEMAS'03), Prague, LNAI 2691, Springer, 2003.

[38] HUAGLORY T. Multi-Agent Based Autonomic Architecture for Network Management[C]. Workshop on Autonomic Computing Principles and Architectures(AUCOPA), 2003.

[39] 邓水光. Web 服务自动组合与形式化验证的研究[D]. 杭州：浙江大学, 2007.

[40] STAL M.. Using architectural patterns and blueprints for service-oriented architecture [J]. IEEE Software, 2006, 23(2): 54−61.

[41] M. ENDREI, J. ANG, A. ARSANJANI, et al. Patterns: service-oriented architecture and web services[M]. IBM: Red Books press, 2004.

[42] MCILRAITH S. A., ZENG T. C. H.. Semantic Web services [J]. Intelligent Systems, 2001, 16(2): 46−53.

[43] CURBERA F., DUFTLER M., KHALAF R., et al. Unraveling the Web services web: an introduction to SOAP, WSDL, and UDDI [J]. Internet Computing, 2002, 6(2): 86−93.

[44] 岳昆, 王晓玲, 周傲英. Web 服务核心支撑技术：研究综述 [J]. 软件学报, 2004, 15(3): 428−442.

[45] WOOLDRIDGE M., FISHER M.. A FIRST-Order Branching Time Logic of Multi-Agent Systems[C]. Proceedings of the Tenth European Conference on Artificial Intelligence, 1992.

[46] WOOLDRIDGE M., JENNINGS N. R.. Agent Theories, Architectures, and Languages: A Survey [J]. Intelligent Agents, 1995, 22(1).

[47] WOOLDRIDGE M., JENNINGS N. R.. Intelligent Agents: Theory and

Practice[J]. The Knowledge Engineering Review, 1995, 10 (2): 115 —152.

[48] BRATMAN M. E.. Intention, plans, and practical reason[M]. Cambridge: Harvard University Press, 1987.

[49] BRATMAN M. E., ISRAEL D., POLLACK M. E.. Plans and resource-bounded practical reasoning[J]. Philosophy and AI: Essays at the Interface, 1988, 4(4): 349—355.

[50] WOOLDRIDGE M., JENNINGS N. R.. The cooperative problem-solving process [J]. Journal of Logic and Computation, 1999, 9(4):563—592.

[51] WOOLDRIDGE M., JENNINGS N. R.. Formalizing The Cooperative Problem Solving Process[M]. Kluwer Academic Publishers, 1997.

[52] PANZARASA P., JENNINGS N. R., NORMAN T. J.. Formalizing Collaborative Decision-making and Practical Reasoning in Multi-agent Systems [J]. Journal of Logic and Computation, 2002, 12(1): 55—117.

[53] BEER M., D'INVERNO M., LUCK M., et al. Negotiation in multi-agent systems[J]. Working Notes of the Agents, 1999, 14(03): 285—289.

[54] 高济,吕何新,郭航. 可信的自治式服务协同模型和应用开发构架[J]. 中国科学,2009(3): 1146—1175.

[55] DIGNUM F.. Abstract and Concrete Norms in Institutions:Sketch of a Formal Analysis [J]. Artificial Intelligence and Law, 2005.

[56] LOPEZ F.. L., MARQUEZ A. A.. An architecture for autonomous normative agents[C]. Proceedings of the Fifth Mexican International Conference in Computer Science,2004: 96—103.

[57] BOELLA G., VAN DER TORRE L.. An Architecture of a Normative System[J]. Artificial Intelligence and Law, 2005(6):13.

[58] DIGNUM F.. Autonomous Agents and Social Norms[J]. Artificial Intelligence and Law, 1996: 56—71.

[59] DIGNUM F.. Autonomous agents with norms [J]. Artificial Intelligence and Law, 1999, 7(1): 69—79.

[60] CONTE R., CASTELFRANCHI C., DIGNUM F.. Autonomous norm-acceptance[J]. Artificial Intelligence and Law, Springer,2003:99—112.

[61] LOPEZ F. L., LUCK M.. Constraining autonomy through norms [C].

Proceedings of the first international joint conference on Autonomous agents and multiagent systems, 2002: 674—681.

[62] LOPEZ F. L., LUCK M., D'INVERNO M.. A Framework for Norm-based Inter-Agent Dependence [C]. Proceedings of the Third Mexican International Conference on Computer Science, 2001: 31—40.

[63] CONTE R., FALCONE R., SARTOR G.. Introduction: Agents and Norms: How to fill the gap [J]. Artificial Intelligence and Law, 1999, 7 (1):1—15.

[64] LOPEZ F. L., LUCK M.. A Model of Normative Multi-Agent Systems and Dynamic Relationships[C]. Agent-Based Social Systems: First International Workshop. Springer, 2004: 259—280.

[65] KOLLINGBAUM M. J., NORMAN T. J.. NoA—A Normative Agent Architecture[C]. Proceedings of the first international joint conference on Autonomous agents and multiagent systems,2003: 1465—1466.

[66] KOLLINGBAUM M. J., NORMAN T. J.. Norm Adoption and Consistency in the NoA Agent Architecture [M]. Springer, 2004.

[67] VERHAGEN H J. E.. Norm Autonomous Agents[J]. Artificial Intelligence and Law, 2000.

[68] CASTELFRANCHI C., CONTE R., PAOLUCCI M.. Normative reputation and the costs of compliance. AAAI-04,2004.

[69] VAZQUEZ-SALCEDA J., ALDEWERELD H., DIGNUM F.. Norms in multiagent systems: From theory to practice [J]. Journal of Computer Systems Science & Engineering, 2005, 20(4): 225—236.

[70] VAZQUEZ-SALCEDA J., ALDEWERELD H., DIGNUM F.. Norms in multiagent systems: some implementation guidelines[C]. 2nd European Workshop on Multi-Agent Systems,2005,737—748.

[71] LUCK M., MUNROE S., ASHRI R., et al. Trust and norms for interaction [C]. IEEE International Conference on Systems, Man and Cybernetics 2004.

[72] GROSSI D., ALDEWERELD H., DIGNUM F., Ubi Lex, Ibi Poena: Designing Norm Enforcement in e-Institutions[C]. AAAI-04,2004.

[73] ESTEVA M., VASCONCELOS W., SIERRA C., et al. Verifying Norm Consistency in Electronic Institutions[C]. AAAI-04.

[74] DASTANIL M. , VAN DER TORRE L. . What is a normative goal?: Towards goal-based normative agent architectures[C]. Lecture notes in computer science, 2004: 210—227.

[75] DIGNUM V. . A Model for Organizational Interaction: based on Agents, founded in Logic[D]. 2004(1): 270.

[76] DIGNUM F. , KINNY D. , SONENBERG L. . From Desires, Obligations and Norms to Goals [J]. Cognitive Science Quarterly, 2002, 2(3—4): 407—430.

[77] DIGNUM F. , KINNY D. , SONENBERG L. . Motivational attitudes of agents: on desires, obligations and norms [C]. Proceedings of the 2nd International Workshop of Central and Eastern Europe on Multi-Agent Systems. Berlin: Springer, 2002: 83—92.

[78] DIGNUM F. , KINNY D. , SONENBERG L. . Motivational attitudes of agents: On desires, obligations and norms [C]. From Theory to Practice in Multi-Agent Systems, Springer, 2002: 83—92.

[79] GARCIA-CAMINO, A. , RODRIGUEZ-AGUILAR, J. A. , Sierra, C. , et al. A distributed architecture for norm-aware agent societies[C]. Lecture Notes in Computer Science, v 3904 LNAI, Declarative Agent Languages and Technologies Ⅲ: Third International Workshop, DALT 2005, Selected and Revised Papers, 2006: 89—105.

[80] GARCIA-CAMINO A. , VASCONCELOS W. , RodríguezAguilar J. A. , Sierra C. . Norm Oriented Programming of Electronic Institutions[C]. AAMAS'06, 2006: 8—12.

[81] ESTEVA M. , VASCONCELOS W. , SIERRA C. , et al. Verifying Norm Consistency in Electronic Institutions[C]. Proc. AAAI-04 Workshop on Agent Organizations: Theory and Practice, San Jose, California, U. S. A. ,AAAI Press, 2004.

[82] VASCONCELOS W. . Norm Verification and Analysis of Electronic Institutions [C]. Springer-Verlag, 2004(34).

[83] García-Camino A. , Rodríguez-Aguilar J. A. , Sierra C. , et al. A Distributed Architecture for Norm-Aware Agent Societies[C]. Procs. Int'l Workshop on Declarative Agent Languages & Technologies(DALT 2005), New York,

USA，2006，Volume 3904 of LNAI，Springer-Verlag，Berlin.

[84] SLOMAN，M. S.. Policy Driven Management for Distributed Systems [J]. Journal of Network and Systems Management，1994，2（4）：333 —360.

[85] LALANA K. A Policy-Based Approach to Govering Autonomous Behavior in Distributed Environments[D]. USA：University of Maryland，2004.

[86] DAMIAN A. M.. Policy Service for Distributed Systems [D]. London，UK：Imperial College of Science，Technology and Medicine，University of London，1997.

[87] 何书元. 概率论与数理统计[M]. 北京：高等教育出版社，2006：217—221.

[88] LEWIS，C. I.，LEIBNIZ，G. W.. A Survey of Symbolic Logic [D]. California：University of California Press，1918.

[89] LEWIS C. I.，LANGFORD C. H.. Symbolic Logic[D]. Dover Publications Inc，1959.

[90] KONOLIGE，K.. A Deduction Model of Belief[D]. Pitman，London and Morgan Kaufmann，SanMateo，CA，1986.

[91] CHELLAS，B.. Modal Logie：an Introduction[D]. Cambridge University Press Cambridge，1980.

[92] KRIPKE S.. Semantieal analysis of modal logie[J]. Mathematical Logic Quarterly，1963（9）：67—96.

[93] HINTIKKA，J.. Knowledge and Belief[D]. NY：Cornell University Press，Ithaea，NY，1962.

[94] MIEHAEL H.，MARK R.. Logic in computer seience：modeling and reasoning about systems（second edition）[D]. Cambridge：Cambridge University Press，2004.

[95] MALLY，E.. Grundgesetze des Sollens：Elemente der Logik des Willens. Graz：Leusehner und Lubensky[D]. Universitats-Buchhandlung，1926.

[96] WRIGHT，G. H.. Deontielogic[J]. Mind，1951（60）：1—15.

[97] HILPINEN，R.，ed. Deontic Logic Introductory and Systematic Readings [D]. D. Dridel Publishing Co，1971.

[98] HILPINEN R.，ed. A New studies In Deontic Logic，Norm，Action and Foundation of Ethics[D]. D. Dridel Publishing Co，1981.

[99] THOMASON. Combinations of tense and modality[J]. Handbook of Philoso Phieal Logic,1984(7):205—234.

[100] ANDERSON,A. R.. The formal analysis of normative systems[J]. The Logic of Decision and Action,University of Pittsburgh Press,1967:13 —147.

[101] KANGER,S.. Lawandlogic[J]. Theoria,1972(38):105—132.

[102] PRIOR,A.. Diodoram modalities[J]. Philoso Phical Quarterly,1955 (5):205—21.

[103] MANNA Z.,PNUELI A.. The temporal logic of reactive and concurrent systems: specification[D]. Springer Verlag,1992.

[104] CHANDY K. M.,MISRA J.. Parallel Program Design: A Foundation [D]. Addison Wesley Publishing ComPany,Inc,1988.

[105] LAM PORT,L.. Specifying systems: the TLA+language and tools for hardware and software engineers [D]. Addison-Wesley publishing ComPany, 2002.

[106] EMERSON, E. A.. TemPoral and ModalLogic [J]. Handbook of theoretical computer science,Volume B: Formal Models and Semantics, Elsevier,1990:995—1072.

[107] HUTH M.,RYAN M.. Logic in Computer Scienee: Modeling and Reasoning about Systems[D]. Cambridge University Press,2004.

[108] HU J, GAO J, ZHOU B, et al. Ontology based agent services compatible matchmaking mechanism[C]. The Third International Conference on Machine Learning and Cybernetics, 2004.

[109] HELAAKOSKI H., ISKANIUS P., PELTOMAA I.. Agent-based architecture for virtual enterprises to support agility [C]. in IFIP International Federation for Information Processing, 2007(243): 299 —306.

[110] HU J. research on autonomic computing oriented policy-based multi-agent cooperation system[D]. Hangzhou: Zhejiang University, 2006.

[111] CAMARINHA-MATOS L. M., SILVERI I., AFSARMANESH. H.. Towards a framework for creation of dynamic virtual organizations[C]. Collaborative Networks and theirs Breeding Environments, 2005.

[112] GARCIA-CAMINO A. Implementing norms in electronic institutions [C]. International Conference on Autonomous Agents, Proceedings of the fourth international joint conference on Autonomous agents and multiagent systems, 2005.

[113] MARTIN J. , KOLLINGBAUM, TIMOTHY J. Norman, Alun Preece, Derek Sleeman. Norm Conflicts and Inconsistencies in Virtual Organizations [C]. Lecture Notes In Computer Science, 2007.

[114] MARTIN J. , KOLLINGBAUM, TIMOTHY J, Norman. . Informed Deliberation During Norm-Governed Practical Reasoning [C]. Lecture Notes In Computer Science, 2006.

[115] HENRIQUE L. , CARDOSO, ANDREIA M, et al. institutional services for dynamic virtual organizations [C]. 6th IFIP Working Conference on Virtual Enterprises, 2005.

[116] ANDREIA M, HENRIQUE L C, EUGÉNIO O. Enriching a mas environment with institutional services[C]. Lecture Notes In Computer Science, 2006.

[117] HENRIQUE L C, Eugénio O. Virtual enterprise normative framework within electronic institutions[C]. Proceedings of the Fifth International Workshop Engineering, 2004.

[118] NICOLETTA F, FRANCESCO V, MARIO V, et al. Artificial institutions: a model of institutional reality for open multiagent systems[J]. Artificial Intelligence and Law, 2008(3): 72.

[119] CLIFFE O, DE VOS M, PADGET J. Specifying and reasoning about multiple institutions[C]. Lecture Notes In Computer Science, 2007.

[120] ANDRÉS G, PABLO N, JUAN A. An algorithm for conflict resolution in regulated compound activities [C]. Lecture Notes in Computer Science, 2007(4457): 193—208.

[121] DONG M. Research on Dynamic Description Logic for Intelligent Agent [D]. Doctoral dissertation: Institute of Computing Technology, Chinese Academy of Sciences, 2003.

[122] MARIO G M. Open, reusable, and configurable multi agent systems: a knowledge modelling approach[D]. Doctoral dissertation: UAB, 2004.

[123] CHIRA O., CHIRA C., TORMEY D., et al. A multi-agent architecture for distributed design[C]. Proceedings of Holonic and Multi-Agent Systems for Manufacturing, Prague: Springer Press, 2003: 213—224.

[124] 高曙明,何发智.分布式协同设计技术综述[J].计算机辅助设计与图形学学报,2004,16(2):149—157.

[125] 吕建,马晓星,陶先平,等.网构软件的研究与进展[J].中国科学:E辑, 2006,36(10):1037—1080.

[126] 胡春华,吴敏,刘国平,等. Web服务工作流中基于信任关系的QoS调度[J].计算机学报,2009,32(1):42—53.

[127] 云本胜,严隽薇,刘敏,等. 基于Bayes信任模型的Web服务组合优化方法[J]. 计算机集成制造系统,2010,16(5):1103—1110.

[128] 殷宪振,蒋静,潘振宽,等. SOC应用系统中基于信用的QoS保证机制[J]. 计算机学报,2011,34(2):413—424.

[129] 徐锋,吕建,郑玮,等. 一个软件服务协同中信任评估模型的设计[J]. 软件学报,2003,14(6):1043—1051.

[130] 胡斌,梁锡坤,高济,等. 基于模糊逻辑的Agent社会信用评价模型[J]. 浙江大学学报:工学版,2009,42(5):1014—1019+1167.

[131] 胡春华,吴敏,刘国平,等. 一种基于业务生成图的Web服务工作流构造方法[J]. 软件学报,2007,18(8):1870—1882.

[132] www.ebxml.org/specs/ebBPSS.pdf.

[133] THOMAS A. On the Logic of Normative Systems[C]. the Twentieth International Joint Conference on Artificial Intelligence, 2007.

[134] HU B, GAO J, GUO H. Dynamic model of normative multi-agent system and its property verification mechanism[J]. Journal of Zhejiang University: Engineering Science, 2009(43):1014—1019.

[135] VÁZQUEZ-SALCEDA J.. The role of norms and electronic institutions in multi-agent systems[C]. Birkäuser Verlag AG, 2004.

[136] JAVIER V. From human regulations to regulated software agents' behavior[J]. Artificial Intelligence and Law,2008,16(1):35—38.

[137] 胡军,高济,李长云. 多主体系统中基于本体论的服务相容匹配机制[J]. 计算机辅助设计与图形学学报,2006,18(5):46—49.

[138] HU J, GAO J, LIAO B. An Agents-Based Grid Infrastructure of Social

Intelligence[C]. International Conference on Advanced Workshop on Content Computing. 2004(3309): 33—38.

[139] HU J, GAO J, HUANG Z, et al. A New Rational Model of Agent for Autonomic Computing[C]. IEEE International Conference on Systems, Man & Cybernetics, 2004(6): 5531—5536.

[140] HU J, GAO J, LIAO B, et al. An Infrastructure for Managing and Controlling Agent Cooperation[C]. Proceedings of the Eighth International Conference on CSCW in Design, 2004(2): 215—220.

[141] HU J, GAO J. IMCAG: Infrastructure for Managing and Controlling Agent Grid[C]. The Second International Workshop on Grid and Cooperative Computing, 2003, LNCS (Lecture Notes in Computer Science), 2004 (3033): 161—165.

[142] 基于 Bayes 信任模型的 Web 服务组合优化方法[J]. 计算机集成制造系统, 2010(5).

[143] 一种正态分布下的动态推荐信任模型[J]. 软件学报, 2012(12).

[144] 基于模糊逻辑的 Agent 社会信用评价模型[J] 浙江大学学报(工学版) 2008(5).

[145] Trust Management Mechanism for Internet of Things [J]. China Communications, 2014(2).

[146] Towards Trustworthiness Assurance in the Cloud[C]. CSP EU FORUM 2013.

[147] Trust-oriented QoS-aware composite service selection based on genetic algorithms[J]. Concurrency and Computation: Practice and Experience, 2013(4).

[148] 一种能力属性增强的 Web 服务信任评估模型[J]. 计算机学报, 2008(8).

[149] 多 Agent 系统中基于认知的信任框架研究[J]. 计算机学报, 2010(1).

[150] COTN:基于契约的信任协商系统[J]. 计算机学报, 2006(8).

[151] A model for Webs ervices discovery with QoS [J]. ACMSIGecom Exchanges, 2003(1).

[152] A trust-QoS enhanced grid service scheduling[J]. Chinese Journal of Computers, 2006(7).

[153] SOC 应用系统中基于信用的 QoS 保证机制[J], 计算机学报, 2011(2).

[154] 陈成, 薛恒新, 张庆民. 风险防范下供应链多 Agent 模糊任务分配研究

［J］. 技术经济,2009.

［155］伍贝妮,周良,凌兴宏. 基于 Agent 的供应链合作伙伴评价体系的研究
　　　［J］. 计算机应用研究,2003.

［156］陈成,薛恒新. 基于 MAS 的供应链可靠性综合评估模型［J］. 中国制造
　　　业信息化,2011.

［157］李彬彬. 基于多 Agent 的供应链建模研究［J］. 安徽建筑工业学院学报:
　　　自然科学版,2008.

后　记

在求是园五年的学习生活对我来说受益匪浅,其间得到许多人的关心和帮助,在此我向他们表示衷心的感谢!

首先我要深深感谢我的恩师高济教授!自从进入实验室以来,我在思想、能力、学业等各方面取得的每一次进步无不凝聚着恩师对我的谆谆教诲和精心指导。恩师那渊博的知识、严谨求实的治学态度、平易近人的工作作风深深地影响着我,尤其是他对问题敏锐的洞察力和深邃的思想,更给我留下了深刻的印象,它将激励和鞭策我在以后的研究工作中不畏艰险、不断进取。在本书完成之际,我谨向高老师致以诚挚的谢意!

感谢本实验室的成员胡华、王进、刘志、林东豪、严国平、钟凌燕、袁成祥、吴建军、苏健、黄前飞、朱艺华、刘柏嵩、周明建、李飞、张千里、徐萍、华成、陈荣、张凡、廖备水、胡军、陈久军、曾志强、郭航、胡斌、朱陪友、蔡国永、程昱、古华茂、傅朝阳、艾解清、彭彦斌、徐飞、叶荣华、吴瑜、周彬、张鸿、熊义强、屈滔、张祯、应文灏、王永刚、丁健龙、刘胜军、王化超、金义星、余宏刚、廖坤、范光平、王存浩、隋新、金宇等人,在与他们一起工作和学习的过程中,我总能从他们身上学到很多东西,我的每一点进步都离不开这个团队对我的支持与帮助。与他们在一起的时光,总是充满快乐,再次感谢他们对我工作的支持和配合。

感谢我父母的养育之恩,他们含辛茹苦的把我培养成人。几多叮咛,几多问候,他们在我身上寄予的殷切期望,常让我不敢有所懈怠。他们对于我的教诲、鞭策、支持和鼓励,贯穿我的整个人生。他们为我的成长和发展付出了太多太多,今后我将一辈子用心去报答。